Suleiman Musa

Qualidade da água e macroinvertebrados aquáticos do rio Galma Zaria, Nigéria

Suleiman Musa

Qualidade da água e macroinvertebrados aquáticos do rio Galma Zaria, Nigéria

Análise do estado, ocorrência e distribuição

ScienciaScripts

Cover image: www.ingimage.com

This book is a translation from the original published under ISBN 978-620-2-07283-0.

Publisher:
Sciencia Scripts
is a trademark of
Dodo Books Indian Ocean Ltd. and OmniScriptum S.R.L publishing group

120 High Road, East Finchley, London, N2 9ED, United Kingdom
Str. Armeneasca 28/1, office 1, Chisinau MD-2012, Republic of Moldova, Europe
Printed at: see last page
ISBN: 978-620-7-79466-9

ÍNDICE DE CONTEÚDOS

DEDICAÇÃO

À memória amorosa do meu falecido pai Mal. Musa Ibrahim Anchau, à minha mãe Hajiya Maimunatu Muhammad e à minha falecida esposa Aisha B. Abubakar e a toda a família Gidan Shanu.

RECONHECIMENTO

Gostaria de expressar o meu sincero agradecimento ao Prof. B.C Onusiriuka e ao Ass. M.C. Emere, da Academia de Defesa da Nigéria, em Kaduna, pelo seu encorajamento e orientação construtiva ao longo deste trabalho. De facto, o meu interesse foi aumentado e reforçado em grande parte pela força da sua simplicidade, capacidade intelectual e de investigação.

A minha sincera gratidão vai para Mal. Shehu Aliyu Abdullahi do Departamento de Estatística, Nuhu Bamalli Polytechnic, Zaria, que, apesar do seu horário apertado, arranjou tempo para efetuar todas as análises estatísticas. Os meus agradecimentos especiais vão para a Dr.ª Haruna Ayuba Abdu, do Departamento de Estudos e Geoinformática, Nuhu Bamalli Polytechnic, Zaria, e para o Prof. Kabir Musa Yusuf, do Departamento de Farmacognosia e Desenvolvimento de Medicamentos, Ahmadu Bello University, Zaria. Haj. Hauwa Isa, Diretor da Escola de Ciências Aplicadas, Politécnico Nuhu Bamalli, Zaria. Dr. Sa'idu Abdulkadir, da Universidade Estatal de Kaduna, Dr. Joseph N. Duniya e Mal. Zubairu Maikudi Sambo (SarkinTukur-Tukur) por terem dedicado o seu tempo a analisar o manuscrito e a dar sugestões úteis.

Os meus agradecimentos especiais vão para Haj. Ramatu Abdullahi e a todo o pessoal da unidade de Herbário do Departamento de Ciências Biológicas da A.B.U. Zaria. O Sr. Alexander Janukwai, do Laboratório Químico da Kaduna Refinery and Petrochemical Company (KRPC), Kaduna, pela sua ajuda.

Finalmente, gostaria de mostrar a minha profunda gratidão a Mal. Haruna da Barragem de Shika, que é o vendedor de canoas e que também ajudou no processo de amostragem durante todo o período do estudo.

Suleiman Musa

Departamento de Ciência e Tecnologia Laboratorial

Politécnico Nuhu Bamalli, Zaria.

CAPÍTULO 1

INTRODUÇÃO

Antecedentes do estudo

A gestão das águas correntes é de grande importância para a vida da nossa sociedade e um dos desafios a enfrentar pelas gerações futuras. A utilização sustentável dos recursos hídricos para a sua exploração em diferentes aspectos é essencial. Além disso, a manutenção de uma boa qualidade da água, tanto sanitária como ambiental, é essencial, uma vez que depende em grande medida da conservação da biodiversidade (Fernandez-Diaz, 2003). Os rios são ecossistemas de grande valor ecológico, com uma fauna rica, constituída por comunidades de estrutura complexa e de elevado valor biológico.

Os cursos de água, rios, zonas húmidas e lagos são o habitat de muitos pequenos animais chamados macroinvertebrados. Estes animais incluem geralmente insectos, crustáceos, moluscos, aracnídeos e anelídeos. O termo macroinvertebrado descreve os animais que não têm coluna vertebral e que podem ser vistos a olho nu. Alguns macroinvertebrados aquáticos, como os lagostins de água doce, podem ser bastante grandes; no entanto, a maioria deles é muito pequena. Os invertebrados que são retidos numa rede de malha de 0,25 mm são geralmente designados por macroinvertebrados (Water and Rivers Commission, 2011). Estes animais vivem na água durante toda ou parte da sua vida, pelo que a sua sobrevivência está relacionada com a qualidade da água. São importantes na cadeia alimentar, uma vez que os animais maiores, como os peixes e as aves, dependem deles como fonte de alimento. Os macroinvertebrados são sensíveis a diferentes condições químicas e físicas. Se houver uma alteração na qualidade da água, talvez devido à entrada de um poluente na água ou a uma alteração no caudal de um rio, a comunidade de macroinvertebrados também pode mudar. Por conseguinte, a riqueza da composição da comunidade de macroinvertebrados numa massa de água pode ser utilizada para fornecer uma estimativa do estado da massa de água (Pen, 1999). As comunidades de macroinvertebrados variam numa região geográfica e as diferentes massas de água têm frequentemente as suas próprias comunidades características. Como muitas das massas de água em muitas zonas não são permanentes, os animais são tolerantes a uma grande variedade de condições ambientais. A maioria tem uma fase no seu ciclo de vida para escapar a condições extremas. Uma vez familiarizado com os taxa de uma área, pode-se usá-los como uma forma adicional de monitorizar a massa de água na área. O objetivo da monitorização biológica é avaliar rapidamente a qualidade da água e o habitat com base na presença de macroinvertebrados. A abundância e a diversidade dos macroinvertebrados indicam a qualidade global do curso de água (Pen, 1999). Os macroinvertebrados incluem insectos aquáticos, crustáceos e moluscos que vivem em vários habitats de cursos de água e obtêm o seu oxigénio da água. Estes insectos e crustáceos são afectados por todas as pressões que ocorrem no ambiente de um curso de água, tanto as provocadas pelo homem como as que ocorrem naturalmente. O princípio básico subjacente ao estudo dos macroinvertebrados é o facto de algumas espécies serem mais sensíveis à poluição do que outras. Algumas espécies são muito sensíveis à poluição e, por conseguinte, não serão capazes de sobreviver em águas degradadas, enquanto as que são tolerantes à poluição serão os organismos dominantes encontrados em águas degradadas. Os macroinvertebrados são componentes importantes da cadeia alimentar aquática e podem ser caracterizados pelos alimentos de que o animal se alimenta e pela forma como os adquire. As categorias são referidas como grupos funcionais de alimentação e ajudam a descrever o papel que cada macroinvertebrado desempenha num sistema aquático (Davis e Christidis, 1997).

Âmbito do estudo

O rio Galma serve como fonte de água para irrigação, pesca e outras actividades agrícolas e também serve como principal fonte de água potável para a comunidade de Zaria. Os macroinvertebrados vivem na água durante toda ou parte da sua vida, pelo que a sua sobrevivência está relacionada com a qualidade da água. São sensíveis a diferentes condições químicas e físicas. Se houver uma mudança na qualidade da água, talvez devido à entrada de um poluente na água ou a uma mudança no caudal de um rio, então a comunidade de macroinvertebrados também pode mudar (Rosenberg e Resh, 1993). A sua tipologia especial torna-os também frágeis e vulneráveis às alterações ambientais, especialmente as relacionadas com perturbações de origem antropogénica, que implicam frequentemente uma degradação irreversível do seu biota (Beasley e Kneale, 2003; Dahl *et al.,* 2004). Por conseguinte, a riqueza da composição da comunidade de macroinvertebrados numa massa de água pode ser utilizada para fornecer uma estimativa do estado de saúde da água. Este estudo tem como objetivo avaliar a composição e abundância de macroinvertebrados no rio Galma e relacioná-los com o estado de saúde da água.

O rio Galma serve de fonte de água potável, de irrigação e de outras actividades agrícolas para a comunidade e o meio ambiente de Zaria. A avaliação dos efeitos dos macroinvertebrados aquáticos na qualidade da água do rio é muito importante, uma vez que os macroinvertebrados aquáticos são utilizados como indicadores da qualidade da água. A maioria dos macroinvertebrados é sensível à poluição, a alterações do habitat e a fenómenos naturais graves. A avaliação biológica da qualidade da água está ligada ao número de organismos intolerantes à poluição. A determinação do estado da qualidade da água, da distribuição e da ocorrência de macroinvertebrados aquáticos no rio Galma será muito útil para fornecer informações sobre a qualidade desta fonte de água para a comunidade de Zaria.

Finalidade e objectivos

Este estudo tem como objetivo fornecer alguns dados de base sobre a abundância e distribuição de macroinvertebrados aquáticos e as características físico-químicas do rio Galma, em Zaria, no Estado de Kaduna, na Nigéria.

Os objectivos do presente estudo são os seguintes: -

i. Determinar a composição, abundância e distribuição dos macroinvertebrados aquáticos no rio Galma.

ii. Determinar as características físico-químicas do rio Galma.

iii. Determinar a variação sazonal dos macroinvertebrados aquáticos.

iv. Determinar a variação sazonal das características físico-químicas do rio.

v. Determinar a correlação dos macroinvertebrados aquáticos com os parâmetros físico-químicos.

CAPÍTULO 2

REVISÃO DA LITERATURA RELACIONADA

Biomonitorização da qualidade da água

A biomonitorização é um componente central da gestão de recursos hídricos em todo o mundo (Rosenberg e Resh, 1993), e vários grupos de macroinvertebrados são atualmente utilizados para este programa (Buss e Salles 2007; Arimoro e Muller, 2009). O monitoramento das alterações da qualidade da água em córregos e rios pode ser realizado através do estudo dos macroinvertebrados que nela vivem. Estes organismos são sensíveis ao stress e podem revelar os efeitos de perturbações e alterações do habitat (Miserendino e Pizzolon, 2003; Arimoro e Osakwe, 2006). O desenvolvimento de sistemas para a avaliação da qualidade das águas doces tem uma longa história (Metcalfe, 1989; Verdonschot, 2000). Os primeiros sistemas de avaliação da qualidade das massas de água baseavam-se em medições químicas ou físicas. Mais tarde, o aspeto biótico foi objeto de maior atenção. Karr (1991) sublinhou que as espécies podem reagir a um complexo de factores. É por isso que os bio-indicadores são mais apropriados para a avaliação do que apenas as medições químicas ou físicas, uma vez que são integradores de um complexo de circunstâncias ambientais.

Nos primeiros sistemas de avaliação biótica, foram utilizadas espécies indicadoras (por exemplo, no sistema sapróbio de Kolkwitz e Marsson (1908, 1909). Estes sistemas baseavam-se frequentemente na tolerância das espécies, géneros ou famílias à poluição (Armitage *et al.,* 1992). Com base nestes índices, foram concebidos sistemas de classificação (Warren, 1971). Estes primeiros sistemas incluíam a influência de um único fator ambiental em diferentes espécies, por exemplo, o "índice biótico de Trent" (Woodiwiss, 1964). Durante muito tempo, a avaliação biológica da qualidade da água foi unidimensional (Cairns e Prett, 1993) e centrou-se, por exemplo, na poluição orgânica. Contudo, as espécies respondem sempre a um complexo de variáveis ambientais e podem também influenciar-se mutuamente, por exemplo através da competição. Por conseguinte, a utilização de uma espécie como indicador tem as suas limitações (Karr, 1991). Durante as últimas décadas, foram desenvolvidos sistemas de avaliação ecológica. Este facto foi estimulado pelo desenvolvimento de índices ecológicos integrados (Karr *et al.,* 1986; EPA, 1988). Estes sistemas baseiam-se numa combinação de variáveis indicativas, por exemplo, a riqueza de espécies, ou o número de espécies de grupos indicativos, por exemplo, o número de espécies de Ephemeroptera, Plecoptera e Trichoptera (Lenat, 1988). Os índices, como o sistema de pontuação do Biological Monitoring Working Party (BMWP) (Armitage *et al.*, 1983) e as técnicas de bioavaliação rápida (Karr, 1981; Karr *et al.*, 1986; Plafkin *et al.*, 1989) tornaram-se muito populares. Os sistemas de avaliação ecológica centram-se na avaliação da qualidade ecológica de uma massa de água, que é a qualidade do conjunto das condições ambientais reflectidas na composição das espécies (Verdonschot, 1990). Nos sistemas de avaliação ecológica são utilizadas espécies de vários taxa superiores, por exemplo, todos os macroinvertebrados no River Invertebrate Prediction and Classification System (Wright *et al.*, 1993). No entanto, é impossível incluir todos os diferentes tipos de grupos de organismos num sistema, porque os métodos de amostragem, o tipo de dados revelados e o tipo de análises de que cada grupo necessita são demasiado diferentes. O grupo dos macroinvertebrados bentónicos tem sido utilizado em muitos sistemas de avaliação. São reconhecidos como um dos grupos de indicadores biológicos mais fiáveis nos ecossistemas aquáticos (Hellawell, 1986). Desempenham um papel fundamental na dinâmica da teia alimentar, ligando os produtores e os carnívoros de topo, e algumas espécies têm respostas claras às variáveis ambientais. O seu sedentarismo espacial e o seu tempo de vida intermédio, de vários meses a vários anos, tornam os macroinvertebrados ideais para um grupo indicador integrador e contínuo da qualidade da água (Hellawell, 1986).

Grande parte da literatura sobre invertebrados e a duração dos cursos de água compara as comunidades de invertebrados entre cursos de água perenes e intermitentes ou em cursos de água intermitentes durante os anos de seca e os anos de cheia. A literatura sobre macroinvertebrados em cursos de água efémeros é limitada (Savage e Rabe, 1979; Bonada *et al.*, 2007). Os estudos comparativos da composição da comunidade de invertebrados em cursos de água perenes e intermitentes revelam frequentemente um elevado grau de sobreposição (Williams, 1987; Delucchi e Peckarsky, 1989; Boulton e Lake, 1992; Dieterich, 1992; Feminella, 1996; Banks, 2005; Beche *et al.*, 2006), sendo a maioria dos taxa comuns aos dois tipos de cursos de água. Muitas espécies destes estudos podem ser classificadas como "facultativas", capazes de ocupar tanto cursos de água perenes como intermitentes. Esta semelhança na fauna deve-se, em parte, à colonização dos cursos de água intermitentes por movimentos aéreos de invertebrados provenientes de águas perenes próximas, particularmente os que possuem adaptações que os tornam mais aptos a sobreviver em ambientes temporários, tais como um ciclo de vida univoltino, adultos altamente móveis, crescimento rápido no inverno e na primavera (ou seja, durante as estações húmidas) e deposição de ovos em substrato húmido no início do verão. Considera-se geralmente que os cursos de água efémeros são completamente desprovidos de invertebrados aquáticos ou têm um número limitado de espécies adventícias que podem completar os seus ciclos de vida rapidamente antes de o curso de água secar (Dieterich, 1992; Ohio EPA, 2002; Bonada *et al.*, 2007).

Ciclo de vida dos macroinvertebrados aquáticos

Os tipos mais comuns de macroinvertebrados aquáticos são os insectos. À medida que os insectos crescem de um ovo para um adulto, mudam a forma do seu corpo ou metamorfoseiam. Os insectos apresentam tanto metamorfose completa como incompleta. A metamorfose incompleta envolve a eclosão do ovo numa ninfa. Em cada muda, a ninfa parece-se cada vez mais com a forma adulta. A metamorfose completa envolve a eclosão do ovo numa larva, que é muito diferente do adulto. Na fase larvar final, o animal transforma-se numa pupa, que é muito diferente da larva. A partir desta fase, o animal transforma-se num adulto. Para a maioria dos animais, a fase juvenil aquática ocupa, de longe, a maior parte do ciclo de vida e é, em grande medida, uma máquina de alimentação, deixando para o adulto apenas um breve papel reprodutor. Algumas larvas de libélulas demoram três anos a atingir a maturidade. (Pen, 1999).

Habitat de macroinvertebrados aquáticos

Os macroinvertebrados vivem em muitos locais diferentes numa massa de água. Alguns vivem à superfície da água, outros na própria água, outros no sedimento ou no fundo ou em rochas submersas, troncos e folhagem. Cada tipo de habitat fornece uma superfície ou espaços sobre ou dentro dos quais os macroinvertebrados podem viver. (Comissão da Água e dos Rios, 2011). A caraterística mais importante em torno de um corpo de água é a vegetação. As plantas aquáticas, em particular os juncos e os juncos, fornecem uma superfície sobre a qual os macroinvertebrados podem viver. Além disso, equilibram o fluxo de água, a disponibilidade de luz e a temperatura à sua volta. A sombra de árvores e arbustos nativos junto à água pode reduzir os extremos de temperatura. As árvores, os arbustos, os juncos e os juncos autóctones protegem as margens da erosão, ajudam a controlar o fluxo de água e actuam como filtros de nutrientes. Os troncos, ramos, cascas e folhas que caem na água proporcionam um habitat para os organismos aquáticos. A folhagem constitui uma parte importante da teia alimentar dos macroinvertebrados que se alimentam deste material ou das bactérias e fungos que provocam a sua decomposição. Nas águas de caudal rápido (lóticas), como os ribeiros de montanha, o leito é constituído por grandes rochas e pedras e o ribeiro está fortemente sombreado. A influência da vegetação é muito elevada. Esta fornece alimento para os colectores e trituradores (Comissão da Água e dos Rios, 2011). Os macroinvertebrados estão adaptados a águas de fluxo rápido, possuindo poderosas ventosas ou patas de agarrar. Em águas lentas ou paradas (lênticas), tais como rios de planície ou zonas húmidas, o leito pode ser arenoso ou lamacento, com maior penetração de luz. Os nutrientes estão disponíveis e criam condições para o crescimento de algas. Os colectores e os raspadores dominam a comunidade de macroinvertebrados. Os colectores enterram-se no sedimento ou filtram o seu alimento diretamente da coluna de água. Os raspadores encontram-se em rochas, troncos e detritos lenhosos ou plantas aquáticas. Tanto nas massas de água lóticas como nas lênticas, os predadores encontram-se onde se encontram as suas presas preferidas (Water and Rivers Commission, 2011).

Condições da água e macroinvertebrados

As modificações ambientais ou a poluição podem alterar as comunidades de macroinvertebrados. A má gestão das bacias hidrográficas pode aumentar a turvação da água. Em águas muito turvas, a penetração da luz é reduzida, afectando a fotossíntese das plantas e aumentando também a temperatura da água. Os sólidos em suspensão podem obstruir as superfícies respiratórias ou interferir com os apêndices de alimentação. Os filtradores recebem um valor nutricional reduzido e gastam mais energia para recolher alimentos, caso contrário morrerão de fome. Níveis elevados de sólidos em suspensão podem começar a depositar-se e a alterar a composição do leito da massa de água à medida que revestem as rochas e a vegetação. Isto pode afetar o movimento, a alimentação, o habitat e a reprodução de alguns macroinvertebrados. A vegetação ribeirinha equilibra a temperatura num sistema aquático saudável. Se esta vegetação for limpa, dá origem a uma maior penetração da luz e a um aumento da turvação devido ao solo exposto (Pen, 1999). As descargas industriais ou o escoamento de águas pluviais de superfícies quentes (por exemplo, estradas e parques de estacionamento) podem aumentar rapidamente a temperatura e as descargas de reservatórios podem libertar água mais fria. Alguns macroinvertebrados podem ser capazes de tolerar ligeiros aumentos de temperatura. Os macroinvertebrados sensíveis, como as moscas-das-pedras, que estão limitados a massas de água frias e de caudal rápido, não conseguem lidar com tais alterações. Níveis elevados de nutrientes sob a forma de azoto e fósforo provenientes de fertilizantes e águas residuais podem ativar o crescimento excessivo de algas (proliferação de algas). A morte e a decomposição destas algas podem produzir toxinas e condições de estagnação. Nestas condições, a diversidade da comunidade de macroinvertebrados é geralmente reduzida, mas regista-se geralmente um aumento da abundância de algumas espécies. Estes macroinvertebrados são capazes de tirar partido (oportunismo) das condições alteradas e de explorar o excesso de oferta de alimentos. As larvas de Chironomidae são muito tolerantes a baixos níveis de oxigénio dissolvido. Os materiais tóxicos podem entrar nas massas de água a partir de águas residuais industriais e agrícolas e podem incluir substâncias como pesticidas e metais pesados. O efeito nas comunidades de macroinvertebrados pode ser de curto prazo (agudo) se o poluente existir na água em concentrações suficientemente elevadas. Na maior parte dos casos, porém, as concentrações e as descargas de substâncias tóxicas variam consideravelmente. Por conseguinte, a ênfase é colocada nos efeitos a longo prazo (crónicos), em que as toxinas podem acumular-se e concentrar-se nas cadeias alimentares (Pen, 1999). As comunidades de macroinvertebrados podem ser afectadas por uma diminuição da reprodução, por respostas comportamentais deficientes, por doenças ou, eventualmente, pela morte. A presença de tais tóxicos tende geralmente a reduzir a diversidade global dos macroinvertebrados. A reação aos poluentes pode variar enormemente. Por exemplo, a maior parte das espécies de ninfas de efémeras não reagem bem aos sedimentos ou aos poluentes orgânicos, mas algumas são bastante tolerantes. As larvas de libélulas e libelinhas podem ser bastante tolerantes à salinidade, mas são prejudicadas por outros poluentes. Alguns animais como a mosca-da-pedra, o lagostim, o caddisfly, as larvas de libélula, as larvas de libélula e a mosca-da-maieira podem atuar como espécies indicadoras de poluição porque respondem a mudanças específicas nas condições da água (Pen, 1999).

Macroinvertebrados como indicadores biológicos

No passado, a qualidade da água era avaliada utilizando apenas parâmetros físico-químicos, mas estas variáveis apenas reflectem poluição pontual. A utilização de indicadores biológicos é mais adequada para detetar alterações a longo prazo na qualidade da água, uma vez que os organismos aquáticos estão adaptados a condições ambientais específicas. Se estas condições se alterarem, alguns organismos podem desaparecer e ser substituídos por outros. Por conseguinte, as variações na composição e estrutura dos conjuntos de organismos aquáticos em águas correntes podem indicar uma possível poluição (Alba-Tercedor, 1996). A biomonitorização é a utilização de variáveis biológicas para estudar o ambiente (Gerhardt, 2000). O primeiro passo neste tipo de monitorização é encontrar o bioindicador ideal cuja presença, abundância e comportamento reflictam o efeito de um fator de stress na biota (Bonada *et al.,* 2006).

Os macroinvertebrados bentónicos são considerados bons indicadores das condições da água à escala local

(Metcalfe, 1989; Freund e Petty, 2007). Estes invertebrados vivem no fundo dos ecossistemas aquáticos pelo menos durante uma parte do seu ciclo de vida e podem ser recolhidos com redes aquáticas de 500 pm ou menos (Hauer e Resh, 1996). Incluem moluscos, crustáceos, sanguessugas, vermes, vermes chatos e insectos (especialmente as fases larvares de algumas ordens). Os macroinvertebrados aquáticos são utilizados para bioavaliar a qualidade dos ecossistemas aquáticos devido à sua grande diversidade de formas e hábitos (Rosenberg e Resh, 1993). Os macroinvertebrados são amostrados nas massas de água porque são indicadores biológicos úteis de alterações nos sistemas aquáticos. As principais vantagens da utilização de macroinvertebrados prendem-se com o facto de alguns terem um período de vida que pode ir até um ano ou mais, serem relativamente sedentários, terem sensibilidades variáveis às alterações da qualidade da água e serem facilmente recolhidos e identificados (Rosenberg e Resh, 1993). É muito importante notar, no entanto, que ao avaliar os macroinvertebrados, outras características físicas, químicas e biológicas devem ser consideradas para apoiar a avaliação da massa de água (Rosenberg e Resh, 1993). Outras medidas biológicas podem incluir a vegetação ribeirinha, peixes, rãs, aves, algas e coliformes fecais.

Papel dos macroinvertebrados nos ambientes aquáticos.

Os macroinvertebrados desempenham um papel importante na comunidade aquática que inclui a mineralização, a mistura de sedimentos e o fluxo de oxigénio para o sedimento, o ciclo da matéria orgânica e também na avaliação da qualidade das águas interiores (George *et al.*, 2009). A distribuição da fauna de macroinvertebrados é determinada por um certo número de factores, tais como a natureza física do substrato, a profundidade, o teor nutritivo, o grau de estabilidade e o teor de oxigénio da massa de água. Os organismos macroinvertebrados são ameaçados por alterações do seu habitat associadas à poluição, à erosão e ao assoreamento (Lydeard *et al.*, 2004). A utilização da diversidade de macroinvertebrados para a bioavaliação proporciona uma abordagem mais simples e isto deve-se ao facto de poderem ser amostrados quantitativamente, bem como à sensibilidade ou tolerância relativa conhecida de alguns deles à contaminação (Adakole e Annune, 2003). As espécies variam no seu grau de tolerância, pelo que, em condições de poluição, a redução da diversidade de espécies é o efeito mais óbvio (Rosenberg e Resh, 1993; Edokpayi *et al*, 2000; Emere, 2000; Olomukoro e Egborge, 2003). Os organismos macroinvertebrados fazem parte integrante de um ambiente aquático e têm uma importância ecológica e económica, uma vez que mantêm vários níveis de interação entre a comunidade e o ambiente (Anderson e Sedel, 1979). De acordo com Marques *et al.* (2003) o conhecimento da estrutura da comunidade de macroinvertebrados bentónicos fornece informações precisas e locais sobre eventos recentes, que podem ser observados na sua estruturação. A utilização de invertebrados e peixes como bioindicadores da qualidade da água tem sido defendida por vários investigadores (Victor e Ogbeibu, 1985; Ofojekwu *et al.*, 1996; Edokpayi e Osimen, 2001; Adakole e Annune, 2003). As espécies variam no seu grau de tolerância, pelo que, em condições de poluição, a redução da diversidade de espécies é o efeito mais óbvio (Rosenberg e Resh, 1993; Edokpayi *et al.*, 2000; Emere, 2000; Olomukoro e Egborge, 2003).

Em África e particularmente na Nigéria, há uma acumulação gradual de literatura em estudos de macroinvertebrados e a sua utilização como bio-indicadores nos últimos tempos. Entre essa informação documentada estão os trabalhos de **Arimoro *et al* (2006) sobre os padrões e diversidade da comunidade de macroinvertebrados em relação ao estado da qualidade da água do rio Ase, Delta do Níger, Nigéria. Onde um** total de 36 taxa, compreendendo 1138 macroinvertebrados, foram recolhidos das duas estações durante o período de estudo. Os insectos aquáticos representaram 80,6% dos taxa e 89,8% de todos os macroinvertebrados recolhidos, sendo o resto da fauna composta por Oligochaeta, Decapoda, Arachnida e Gastropoda. Os principais componentes da comunidade bentónica foram Coleoptera, Diptera e Ephemeroptera. A abundância e a distribuição dos taxa de macroinvertebrados foram diferentes nas duas estações. O número total de taxa presentes nas estações I e II foi de 26 e 31, respetivamente, enquanto o total de macroinvertebrados recolhidos foi de 469 e 669. A abundância global foi significativamente diferente nas duas estações. A família Naididae, com três taxa representativos, *Dero limnosa, Stylaria lacustris* e *Chaetogaster limnaei,* representou Oligochaeta. Estas espécies foram recolhidas em ambas as estações de amostragem, exceto *Stylaria lacustris,* que se restringiu apenas à estação II. Platyhelminthes foi representado por um táxon, *Dugesia,* recolhido em número reduzido em ambas as estações de amostragem. Decapoda foi representado por quatro taxa, nomeadamente *Caridina gabonensis, Caridina africana* (Kingsley), *Macrobrachium felicinum* e *Potamolpheops monodi* (Powell). Estes organismos foram recolhidos em número relativamente reduzido, com uma densidade relativamente mais elevada na estação II. *Caridina gabonensis* e *Macrobrachium felicinum* foram recolhidos apenas na estação II. Os efemerópteros foram representados por cinco géneros. A abundância deste grupo não foi significativamente diferente entre as duas estações de amostragem. *Baetis tripunctatus* foi o efemeróptero preponderante, com uma densidade relativamente elevada em ambas as estações. Outros taxa encontrados foram *Centroptilum, Cloeon bdellum* e *Oligoneuriella.* No entanto, a espécie *Centroptilum* não foi recolhida na estação II. A escassez de Trichoptera no estudo foi evidente com a presença da espécie *Agraylea* que foi representada por apenas dois macroinvertebrados na Estação II. Os Hemiptera foram representados por três géneros com dois géneros

cada um ocorrendo em ambas as estações. Os géneros recolhidos foram *Ilyocoris crimicoides, Ambrysus mormon* e *Belo stoma fluminea.* Os hemípteros constituíram apenas 0,9% do número total de macroinvertebrados recolhidos. Os Coleoptera foram representados por cinco géneros em quatro famílias. Os Coleoptera constituíram uma percentagem significativa (38,4%) da densidade total de macroinvertebrados recolhidos. Os taxa representativos foram *Dytiscus marginalis, Hyphydrus ovatus, Gyrinus, Hydrophilus e Ochthebius. Gyrinus* foi claramente o Coleoptera preponderante, ocorrendo em número muito elevado na estação II. Três géneros de anisópteros, *Libellula, Gomphus* e *Coenogrion,* estavam bem representados no rio. Estes três géneros foram encontrados na Estação I e na Estação II apenas foram registadas espécies de *Macromia.* As ninfas de Zygopteran foram representadas por *Enallagma* e *Coenogrion.* A abundância deste grupo foi mais elevada na estação II do que na estação I. Os dípteros constituíram um dos principais componentes dos invertebrados macrobentónicos neste estudo. Foram registados seis géneros. Chironomidae foi representado por *Tanypus, Cryptochironomus* e *Chironomus transvaalensis,* que foi o díptero preponderante. Ceratopogonidae foi representada por *Allaudomyia* e *Forcipomyia* e Tabanidae por *Chrysops.* Estes taxa estavam todos presentes em ambas as estações de amostragem. Os dípteros constituíram uma percentagem significativa da densidade de macroinvertebrados (29,3%). A abundância de dípteros não foi significativamente diferente entre as duas estações de amostragem. Embora a composição, a distribuição e a abundância de macroinvertebrados na Nigéria tenham sido registadas em vários estudos (Edokpayi *et al.*, 2000; Ogbeibu e Orhibhabor, 2002; Edema *et al.*, 2002), só em algumas tentativas (Atobatele *et al.*, 2005; Arimoro e Osakwe, 2006) é que os autores examinaram as relações entre as variáveis bióticas e abióticas.

Okorafor *et al* (20130) worked on Spatial Variation in Physical and Chemical Parameters and Macro-Invertebrates in the Intertidal Regions of Calabar River, Nigeria, recorded ten macroinvertebrate species (taxa) belonging to ten genera and three orders which, incluíam *Uca tangeri, Hemigrapsus sp, Penaeus notialis, Macrobranchium vollenhovenii, Machrobranchium felicium, Machromia sp, Pachymelania fusca,*

Pachymelania byronensis, Pachymelania aurita e *Neritina rubricata.* Os gastrópodes: *Uca tangeri, Hemigrapsus sp, Machrobranchium felicium,* e os gastrópodes: *Pachymelania aurita* e *Neritina rubricata* foram encontrados em todas as estações.

Existem muitos estudos em várias partes do mundo sobre os macroinvertebrados bentónicos de massas de água doce. O trabalho de Shailendra *et al* (2013) sobre a diversidade da comunidade de macroinvertebrados em relação ao estado da qualidade da água do rio Kunda, na Índia, registou quatro classes e cinco famílias de organismos macroinvertebrados bentónicos representados por quarenta e duas espécies. O molusco *Thiara tuberculata* e os artrópodes *Chaoborus* foram as espécies mais abundantes, representando cerca de 5,61%, *Lamellidens corricaunus* 5,26%, *Chaoborus sp.* 5,19%, *Lymnea auricularia* 4,59%, *Lymnaea acuminate* 4,39%, *Lamillidens consobrinus* 4,19%, *Tubifex albicola* 4,09% e *Chironomus sp.*3,42%, respetivamente. A espécie menos abundante foi *Stylaria fossularis*. Esta representou 0,40%. Os resultados revelaram ainda que, dos 3 filos identificados, os artrópodes foram dominantes. Isto revela que os artrópodes estão adaptados a diversos habitats devido ao seu modo de alimentação, comportamento, fisiologia e parâmetros físico-químicos. A variação mensal da densidade de macro-invertebrados observada no estudo pode estar relacionada com a variação dos factores físico-químicos, o que também indica a presença de matéria orgânica dissolvida no rio Kunda. A densidade populacional dos organismos vivos no ambiente aquático varia normalmente com a variação dos parâmetros ambientais. A presença de macroinvertebrados tolerantes à poluição, como *Chironomus sp., Lymnaea truncatula* e *Lymnaea glabra,* pode ser atribuída ao efeito dos resíduos domésticos e industriais no rio. Os valores baixos de DO e altos de BOD registados no presente estudo podem ter favorecido a presença destas espécies indicadoras de poluição.

Parâmetros físico-químicos como factores de qualidade da água

A qualidade da água é o estado da massa de água ou do recurso hídrico em relação às suas utilizações designadas. Pode ser definida em termos qualitativos e/ou quantitativos. Os parâmetros que definem a qualidade da água podem ser agrupados em três categorias: físicos, químicos e biológicos. *Os factores físicos* incluem a temperatura, os sedimentos e o material do leito, os sedimentos em suspensão, a turvação, a cor e o odor. *Os factores químicos* são constituídos pelos elementos maiores e menores e por outros parâmetros químicos como o pH, o oxigénio dissolvido (OD), a carência bioquímica de oxigénio (CBO) e a carência química de oxigénio (CQO). Os elementos principais incluem agro-nutrientes como o azoto e o fósforo. Os parâmetros físico-químicos são normalmente utilizados para avaliar o estado de qualidade de uma massa de água. Shailendra *et al* (2013), enquanto trabalhavam na diversidade da comunidade de macroinvertebrados em relação ao estado da qualidade da água do rio Kunda (MP), Índia, confirmaram a concentração de alguns parâmetros físico-químicos da seguinte forma:- a temperatura variou de 25°C a 35°C. A temperatura mínima foi registada no mês de junho. A temperatura mínima foi registada no mês de janeiro na Estação I e a máxima foi registada no mês de outubro na Estação I e na Estação II. O valor médio da temperatura registada foi de 29,66°C. No presente estudo, a temperatura da água foi registada entre 25°C - 35°C. Sharma *et al.*, (2001), Yogesh *et al.*, (2001) também registaram o mesmo tipo de flutuação em várias massas de água doce. Os valores de pH que variam entre 7,61 e 9,3 mostram que as amostras de água são ligeiramente alcalinas. O valor médio de pH da água foi de 8,34. A concentração de oxigénio dissolvido nas amostras de água do rio variou entre 6,2 mg/L e 9,8 mg/L, com um mínimo no mês de agosto na estação II e um máximo no mês de outubro na estação II. O valor médio do oxigénio dissolvido (OD) registado foi de 6,86 mg/L. A variação sazonal do OD na água depende da temperatura da massa de água, que influencia a solubilidade do oxigénio na água. A CBO variou entre 2,8 mg/L e 6,3 mg/L, com o mínimo na Estação II no mês de dezembro e o máximo na Estação II no mês de agosto. O valor médio da carência bioquímica de oxigénio (CBO) foi de 4,29 mg/L. Observações semelhantes foram confirmadas por muitos outros trabalhadores, como Pathak e Mudgal (2005), Khanna e Bhutani (2003). A observação da alcalinidade revela que a variação mensal oscilou entre um mínimo de 230 mg/L e 415 mg/L, com o mínimo na Estação I no mês de outubro e o máximo na Estação II no mês de setembro. A concentração de nitrato na água do rio foi de 0,110 mg/L a 0,890 mg/L. A concentração mínima de nitrato foi registada na Estação I no mês de dezembro e a máxima também foi registada na Estação I no mês de janeiro e o valor médio do nitrato registado foi de 0,251 mg/L. Os valores de fosfato flutuaram entre 0,5 mg/L e 0,66 mg/L. O fosfato máximo foi registado na Estação II no mês de agosto e o mínimo também foi registado na Estação I no mês de outubro. Valores semelhantes foram também observados por Jain e Sharma (2000). O aumento da utilização de fertilizantes, a utilização de detergentes e os esgotos domésticos contribuem grandemente para a elevada carga de fósforo na água.

CAPÍTULO 3

MATERIAIS E MÉTODOS

A zona de estudo:

O rio Galma é o principal canal de drenagem de Zaria, uma vez que outros rios e riachos desaguam nele. Zaria situa-se no centro-norte do estado de Kaduna, na Nigéria, a uma latitude de 11,3°N e a uma longitude de 7,4°E, a 128 km a sudeste de Kano e a 64 km a nordeste da cidade de Kaduna. Zaria insere-se no clima da Savana da Guiné, que tem estações húmidas e secas distintas (Udo, 1978). A barragem de Zaria está localizada no rio. A bacia do rio Galma é uma zona agrícola em expansão. São plantadas culturas como a batata-doce e a batata irlandesa, bem como legumes como a cenoura, o ovo de jardim e o tomate. Durante todo o ano, são plantados cereais como o milho e o arroz em ambos os lados da margem do rio.

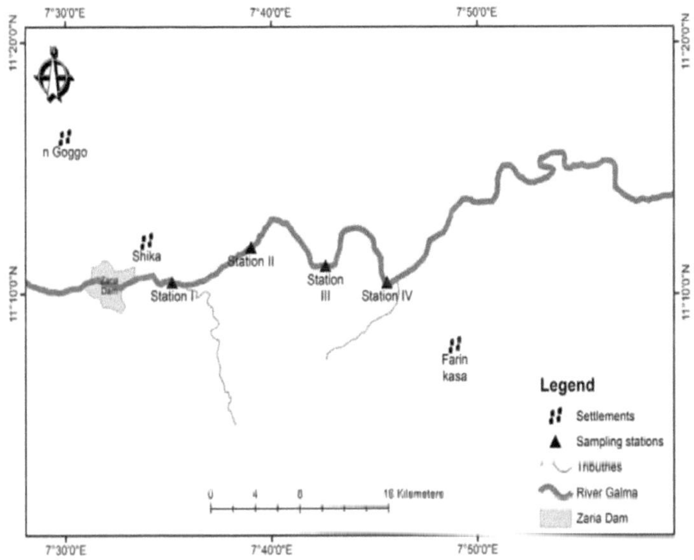

Fig 3.1 Mapa do rio Galma mostrando as estações de amostragem (Fonte: Y.O. Yusuf *et al* 2012)

Amostragem de água e recolha de macroinvertebrados aquáticos:

As amostras de água e de macroinvertebrados aquáticos foram recolhidas em quatro estações de amostragem (I, II, III e IV), que são a piscina, o riacho, as macrófitas e debaixo dos troncos, respetivamente. A estação I para a amostragem foi determinada movendo-se 2 km a montante da barragem de Zaria, as outras estações foram determinadas a partir desta com um intervalo de dois quilómetros (2 KM) entre cada uma das estações de amostragem. A amostragem foi efectuada entre as 09.00 e as 11.00 horas de cada dia de amostragem. A amostragem foi realizada por um período de doze meses, uma vez por mês, começando em maio de 2013 e terminando em abril de 2014. As amostras foram recolhidas nas diferentes estações, agitando os detritos do fundo e apanhando o material em suspensão com uma pequena rede de imersão de malhagem 154 iim. Por vezes, a recolha também é feita com uma rede de arrasto com a mesma malhagem. As amostras recolhidas foram conservadas em etanol a 70% e transportadas para o laboratório de biologia, Nuhu Bamalli Polytechnic, Zaria, para identificação utilizando os guias de Pennak, (1978); Tachet *et al.,* (1980); de Moor e Day, (2002). Algumas das amostras foram também identificadas no museu do Departamento de Ciências Biológicas da Universidade Ahmadu Bello, Zaria. Os parâmetros físico-químicos, como a temperatura da água, o pH e a profundidade, foram determinados nos locais de amostragem. O oxigénio dissolvido (OD) e a carência bioquímica de oxigénio (CBO) foram determinados no Laboratório de Química, Nuhu Bamalli Polytechnic, Zaria. A condutividade, a alcalinidade, o fosfato e os nitratos foram determinados no laboratório químico da Kaduna Refinery and Petrochemical Company (KRPC).

Temperatura

A temperatura da água em cada local de amostragem foi determinada com um termómetro da seguinte forma: - A amostra de água foi recolhida submergindo suavemente um copo de amostragem no rio. Uma vez cheio, o copo foi retirado e deixado assentar. A extremidade do bulbo do termómetro foi cuidadosamente colocada no copo de água e esperou-se dois minutos para que a leitura do termómetro estabilizasse. Uma vez estabilizada a leitura do termómetro, a temperatura é agora determinada.

Condutividade

A condutividade foi medida utilizando uma sonda e um medidor. A tensão foi aplicada entre dois eléctrodos de uma sonda imersa na água da amostra. A queda de tensão causada pela resistência da água foi utilizada para calcular a condutividade por centímetro. O medidor converteu a medição da sonda em micro-ohms por centímetro e o resultado foi apresentado.

pH

O pH da água foi determinado utilizando o medidor de pH de bolso pHep (modelo RI 02895) da seguinte forma. A sonda e o medidor foram calibrados de acordo com as instruções do fabricante. A amostra de água foi recolhida num copo. O medidor foi imerso na amostra até ao nível máximo de imersão e aguardou-se que o medidor atingisse o equilíbrio. O medidor atinge o equilíbrio quando o sinal se torna estável. O pH foi agora lido diretamente no medidor.

Alcalinidade total

A análise da alcalinidade total é efectuada por titulação (APHA 1992). Neste teste, a titulação é efectuada através da adição de quantidades precisas de ácido sulfúrico (o reagente) à amostra até esta atingir um ponto final. A quantidade de ácido utilizada corresponde à alcalinidade total da amostra.

Oxigénio dissolvido (DO)

O oxigénio dissolvido nos locais de amostragem será determinado utilizando o método titrimétrico (APHA 1992) do seguinte modo

Mergulhou-se um frasco de amostra na água e deixou-se transbordar; isto expelirá o ar do recipiente. Foram adicionados 2 ml de cloreto de manganês ($Mgcl_2$) com uma seringa. Foram também adicionados 2 ml de iodeto alcalino com outra seringa. Em seguida, rolha-se imediatamente o recipiente para evitar a perda ou a acumulação de ar. As amostras são levadas para o laboratório e adicionam-se 2 ml de ácido sulfúrico concentrado (H_2SO_4). Colocam-se 100 ml da amostra num erlenmeyer e titulam-se com tiossulfato de sódio 0,02 N ($Na_2S_2O_3$), utilizando 2 ml de solução de amido como indicador. A mudança da coloração azul-preta da soluçao para incolor foi registada como valor de oxigénio dissolvido.

Carência bioquímica de oxigénio (CBO)

A carência bioquímica de oxigénio (CBO) da água das estações de amostragem foi determinada pelo método titulométrico (APHA 1992) da seguinte forma

Dois recipientes (designados por A e B) serão mergulhados na água e deixados a transbordar; isto expulsa o ar do recipiente. No recipiente A, foram adicionados 2 ml de cloreto de manganês (mgcl2) com uma seringa. Foram também adicionados 2 ml de iodeto alcalino com outra seringa. O recipiente foi imediatamente arrolhado para evitar a perda ou a acumulação de ar. No recipiente B, não se adicionou nada. As duas amostras foram levadas para o laboratório e, na amostra A, foram adicionados 2 ml de ácido sulfúrico concentrado (H_2 SO_4) e titulados com tiossulfato de sódio 0,02 N ($Na_2S_2O_3$), utilizando 2 ml de solução de amido como indicador. A amostra B foi incubada durante cinco dias, após o que se seguiu o mesmo procedimento que na amostra A, pelo que a diferença entre as amostras A e B foi registada como CBO (mg/L).

Fosfato (PO_4^{3})

As amostras de água das estações de amostragem foram analisadas quanto à presença de fosfato utilizando o reagente de molibdato de amónio (reagente de Deniges) e cloreto estanoso (APHA, 1992) da seguinte forma

Verter 25 ml de água da amostra para um tubo de mistura e adicionar um pouco de reagente *de heptamolibdato de amónio.* O tubo foi então tapado e agitado vigorosamente. Adicionaram-se algumas gotas de reagente *de cloreto estanoso* diluído à mistura no tubo. Produziu-se uma cor azul (devido à formação de *azul de molibdénio*). A profundidade da cor azul indica a quantidade de fosfato presente na água. A *absorvância* da solução azul pode ser medida com um *colorímetro.*

Nitrato (NO3)$^-$

Para os nitratos, as amostras de água das estações de amostragem foram analisadas utilizando o espetrofotómetro HACH DR/2010, da seguinte forma

Encheram-se duas cuvetes com 25 ml de água de amostra (amostra) e 25 ml de água destilada (branco), respetivamente. Adicionou-se 1 ml de solução de ácido brucino-sulfanílico à amostra e ao branco. A cuvete com o branco foi inserida no instrumento e tapada; o botão zero foi premido para colocar o instrumento em zero. Em seguida, a cuvete com a amostra foi inserida e tapada, o botão de leitura foi então premido e o resultado apresentado foi registado.

Profundidade da água

A profundidade da água foi determinada através da utilização de um disco de seichi. O disco é apertado com uma rosca e é imerso na água em cada local de amostragem. Quando o disco toca no fundo da água, é feita uma marca na rosca à superfície e é utilizada uma régua métrica para medir a distância entre o disco e o ponto marcado, sendo assim determinada a profundidade da água.

Análise

Os dados obtidos foram tabulados e analisados utilizando o software MINITAB (versão 16). A correlação de Pearson foi utilizada para determinar a correlação dos macroinvertebrados entre as estações de amostragem. A análise de variância (ANOVA) foi também utilizada para comparar a relação dos parâmetros físico-químicos em todas as estações de amostragem. O Microsoft Excel também foi utilizado para determinar a variação mensal de todos os parâmetros físico-químicos em todas as estações de amostragem ao longo do período de amostragem.

Prato I. Recolha de macroinvertebrados aquáticos com rede de imersão

Prato II. Recolha de macroinvertebrados aquáticos com rede de imersão

Prato III. Recolha de macroinvertebrados aquáticos com rede de sacar

CAPÍTULO 4

RESULTADOS E DISCUSSÃO

Abundância e distribuição de macroinvertebrados aquáticos no rio Galma

Um total de 17 espécies de macroinvertebrados aquáticos pertencentes a 3 filos (Arthropoda, Mollusca e Annelida) foram identificadas nas quatro estações da área de estudo, como mostra a Tabela 4.1. Do número total de espécies identificadas, 14 eram artrópodes, distribuídos por 3 classes: classe Insecta com 10 espécies, classe Arachnida com 2 espécies e classe Crustacea com 2 espécies. O filo Mollusca e o filo Annelida têm 2 e 1 espécies, respetivamente. Entre todas as espécies recolhidas, *Argyroneta aquatica*, pertencente ao filo Arachnida, registou o maior número de 303, enquanto *Hirudo medinalis*, pertencente ao filo Annelida, registou o menor número de 13. *Argyroneta aquatica* registou a maior densidade, com 86 na estação I, 79 na estação II e 69 nas estações III e IV. *Pirata piraticus* foi o seguinte em densidade, com 80 na estação I, 65 na estação II, enquanto as estações III e IV registaram 72 e 71 macroinvertebrados, respetivamente. A espécie com a densidade mais baixa de todas é *Hirudo medinalis*, que registou 06 macroinvertebrados na estação III, 04 macroinvertebrados na estação II, enquanto as estações I e IV registaram apenas 02 e 01 macroinvertebrados, respetivamente.

Tabela 4.1. Composição, distribuição e abundância de Macroinvertebrados Aquáticos no Rio Galma, (maio, 2013 - abril, 2014)

Macroinvertebrates	SAMPLING STATIONS					
	Station I	Station II	Station III	Station IV	**Total**	**Percentage (%)**
Arthropoda						
Insecta						
Ischura aurora	35	22	26	28	**111**	**6.17**
Corixa punctate	38	29	28	38	**133**	**7.40**
Ranatra elongate	24	19	20	24	**87**	**4.84**
Lethocerus americanus	23	21	23	20	**87**	**4.84**
Anacaenini anacaena	28	18	28	25	**99**	**5.51**
Ranatra chinensis	22	18	20	18	**78**	**4.34**
Gryllus assimilis	20	19	18	19	**76**	**4.23**
Aquarius remigis	19	18	20	20	**77**	**4.28**
Haliplus fflavicollis	18	17	18	15	**68**	**3.78**
Benacus griseus	30	19	25	28	**102**	**5.67**
Arachnida						
Argyroneta aquatica	86	79	69	69	**303**	**16.85**
Pirata piraticus	80	65	72	71	**288**	**16.02**
Crustacean						
Cambarus robustus	29	25	29	25	**108**	**6.01**
Liocacinus vernalis	21	18	17	13	**69**	**3.84**
Mollusca						
Bithynia tentaculata	09	09	12	11	**41**	**2.28**
Pomacea insularum	17	16	11	14	**58**	**3.23**
Annelida						
Hirudo medinalis	02	04	06	01	**13**	0.70
Total	**501**	**416**	**442**	**439**	**1798**	**100%**
Percentage	**27.9%**	**23.1%**	**24.6%**	**24.4%**	**100%**	

Variação mensal dos macroinvertebrados aquáticos

Foi recolhido um total de 1798 macroinvertebrados em todas as estações durante o período de estudo. A estação I registou o número mais elevado de 501 (27,9%), a estação II registou 416 (23,1%), enquanto as estações III e IV registaram 442 (24,6%) e 439 (24,4%), respetivamente. O maior número de macroinvertebrados (68) foi registado na estação I no mês de agosto de 2013, o menor número (11) foi registado na estação II no mês de fevereiro de 2014. Como mostrado na figura 4.1. A correlação de Pearson revelou que entre a estação I e a estação II (r = 0,982), estação I e III (r = 0,973), estação I e IV (r = 0,989), estação II e III (r = 0,956), estação II e IV (r = 0,965), estação III e IV (r = 0,974). Isto mostra que existe uma forte correlação positiva entre as estações de amostragem e a abundância de macroinvertebrados aquáticos. (APÊNDICE II).

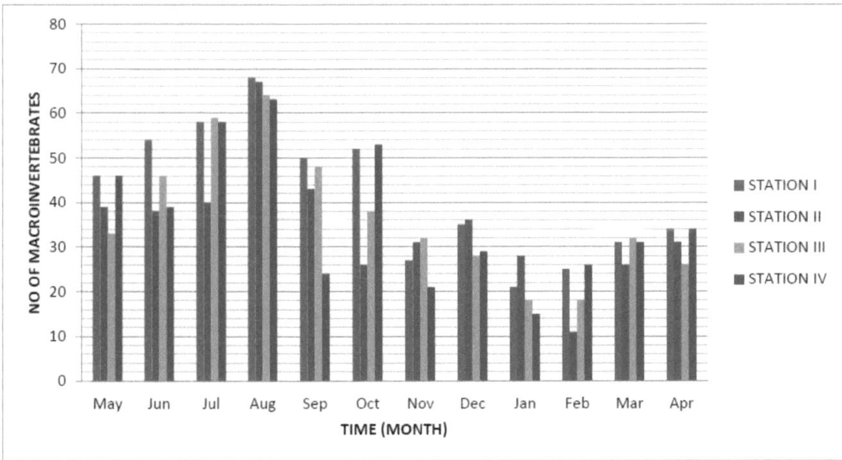

Fig. 4.1 Distribuição mensal dos Macroinvertebrados Aquáticos recolhidos no rio Galma, (maio 2013 - abril 2014)

Um total de 17 espécies de macroinvertebrados aquáticos pertencentes a 3 filos (Arthropoda, Mollusca e Annelida) foram identificados nas quatro estações da área de estudo, durante o período de estudo. Todos os macro invertebrados encontrados são conhecidos por serem comuns em água doce tropical. Este facto está em conformidade com Okorafor *et al* (2013). A ocorrência de um organismo ou grupo de espécies num determinado ambiente tem sido explicada pela capacidade da espécie de se adaptar às várias influências ecológicas sobre o organismo (Ndome *et al,* 2011). Todas as estações se mostraram aparentemente uniformes. Todas as espécies de macro-invertebrados encontradas puderam ser encontradas em todas as estações durante o estudo. Neira *et al.*, (2006) relataram variabilidade na ocorrência e distribuição de macro-invertebrados numa planície de maré fluida na Califórnia, como foi previamente relatado por Straughan (1972) no estuário do rio Ross, Austrália. A variabilidade na ocorrência e distribuição de organismos num habitat também tem sido associada a padrões de recrutamento e reprodução que variam entre diferentes organismos. Isto, mais uma vez, corrobora a observação de Ombu (1987) que trabalhou sobre alguma macrofauna do estuário central de Bonny, Nigéria e Narita *et al.*, (2003) que trabalhou sobre a variação sazonal e inter-anual na biomassa e abundância de mega bentos na Baía de Ise, Japão central. Todos os macro-invertebrados registados eram espécies de água limpa e intolerantes à poluição. A análise de correlação também mostra que existe uma correlação positiva significativa entre as estações de amostragem e a abundância dos macroinvertebrados aquáticos. A uniformidade na distribuição destes organismos pode ser o resultado da aparente uniformidade das condições ambientais locais ao longo do rio. Também a abundância dos macroinvertebrados em todas as estações ao longo do período de estudo (maio de 2013 a abril de 2014), sem grande variação, pode dever-se à água libertada pela recém-construída Barragem da Galma, que se encontra a montante da área de estudo. O rio Galma geralmente mostrou a presença de composição comum de macroinvertebrados como em outros sistemas fluviais tropicais. Entre os macroinvertebrados recolhidos, a classe Insectos foi dominante com 10 espécies das 17 espécies registadas, enquanto as classes Arachnida e Crustacea registaram 2 espécies cada. Isto está de acordo com o trabalho de Emere e Nasiru (2008) que registaram insectos aquáticos representando 68,00% de todos os taxa e 65,97% de um total de 1304 macroinvertebrados recolhidos, enquanto trabalhavam em Macroinvertebrados como indicadores da qualidade da água de um riacho urbanizado, Kaduna Nigéria. Os resultados também estão de acordo com o trabalho de Francis *et al* (2007) que recolheram um total de 1138 macroinvertebrados de duas estações de amostragem enquanto trabalhavam em Padrões e Diversidade da Comunidade de Macroinvertebrados em Relação ao Estado da Qualidade da Água do Rio Ase, Delta do Níger, Nigéria. Do número total recolhido, descobriram que os insectos aquáticos representavam 80,6% dos taxa e 89,8% de todos os macroinvertebrados recolhidos. As variações sazonais na distribuição dos Macrinvertebrados Aquáticos no rio mostram que os organismos são mais abundantes nos meses da estação das chuvas, o que se deve ao facto de se reproduzirem mais durante a estação das chuvas.

Variação sazonal dos macroinvertebrados aquáticos.

As variações sazonais na distribuição dos Macrinvertebrados Aquáticos no rio mostram que os organismos são mais abundantes nos meses da estação chuvosa (maio de 2013 a outubro de 2013) do que nos meses da estação seca (novembro de 2013 a abril de 2014). Um total de 328 (18,24%) macroinvertebrados foram registados na estação I, 253 (14,07%) na estação II, 288 (16,02% na estação III e 283 (15,74%) na estação durante a estação chuvosa, enquanto 173 (9,62%), 163 (9,07%), 154 (8,57%) e 156 (8,68%) foram registados nas estações I, II, III e IV, respetivamente, durante a estação seca. A Fig. 4.2 mostra a variação entre as estações chuvosa e seca.

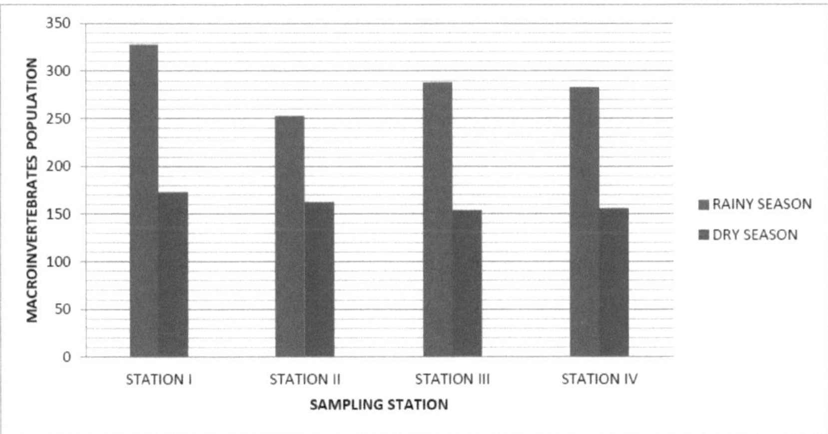

Fig. 4.2 Variação sazonal dos Macroinvertebrados Aquáticos no Rio Galma, (maio 2013 - abril 2014)

Parâmetros físico-químicos

Um resumo dos parâmetros físicos e químicos das águas superficiais do rio Galma é apresentado na Tabela 4.2. A temperatura da água variou entre 20.09 - 29.25° C com valores médios e erro padrão de 24.87 ± 0.64; 25.86 ± 0.21; 25.87 ± 0.51 e 24.56 ± 0.89° C para a estação I, estação II, estação II e estação IV respetivamente. A temperatura da água não diferiu significativamente entre as estações ($P > 0,05$). Os valores de pH situaram-se no intervalo 6,78 - 8,01 com valores médios e erros padrão de 7,21 ± 0,12, 7,12 ± 0,95, 7,19 ± 0,12 e 7,20 ± 0,96 da estação um a quatro, respetivamente. A variação da concentração de hidrogénio (pH) também não foi significativamente diferente entre as estações ($P > 0,05$). Os valores de oxigénio dissolvido situaram-se entre 4,45 e 7,61mg/L, com valores médios e erros padrão de 5,96 ± 0,29, 6,10 ± 0,23, 6,10 ± 0,17 e 6,05 ± 0,24mg/L para as quatro estações, respetivamente. O oxigénio dissolvido não apresentou diferenças significativas entre as estações ($P > 0,05$). Os valores da carência bioquímica de oxigénio (CBO) variaram entre 1,93 - 5,78mgL. Os valores médios e o erro padrão foram 4,24 ± 0,13, 4,86 ± 0,18, 4,81 ± 0,12 e 4,51 ± 0,28mg/L, respetivamente. A carência bioquímica de oxigénio não mostrou qualquer diferença significativa entre as estações. Os valores de condutividade variaram entre 40,90 - 61,43 µS/cm. Os valores médios e o erro padrão foram 45,32 ± 0,93, 47,67 ± 1,63, 46,30 ± 1,72, 46,32 ± 0,91 µS/cm para as quatro estações, respetivamente. A condutividade não mostrou diferença significativa entre as estações ($P>0,05$). Os valores de alcalinidade total variaram entre 20,00 - 35,73mg/L, com valores médios e erro padrão de 25,43 ± 0,95, 26,80 ± 0,96, 26,78 ± 1,49 e 25,35 ± 0,43mg/L para as estações I, II, III e IV, respetivamente. Isto indica que não há diferença significativa na alcalinidade total entre as estações de amostragem (P>0,05). Os valores de fosfato situaram-se no intervalo de 3,07 - 5,21mg/L, com valores médios e de erro padrão de 4,14 ± 0,17, 4,17 ± 0,14, 3,88 ± 0,56 e 4,47 ± 0,10 para as quatro estações, respetivamente. Isto indica que existe uma diferença significativa no teor de fosfato entre as estações de amostragem (P<0,05). Os valores de nitrato variaram entre 1,02 - 2,78mg/L, com valores médios e erro padrão de 2,01 ± 0,17, 1,92 ± 0,13, 1,97 ± 0,11 e 2,17 ± 0,14 para todas as estações, respetivamente. Isto mostra que existe uma diferença significativa no teor de nitrato entre as estações de amostragem (P<0,05). A profundidade variou entre 0,62 - 0,95m, com valores médios e erro padrão de 0,73 ± 0,02, 0,81 ± 0,03, 0,81 ± 0,02 e 0,80 ± 0,02 para as estações I, II, III e IV, respetivamente. Isto indica que existe uma diferença significativa na profundidade da água entre as estações de amostragem (P<0,05).

Tabela 4.2 Variações médias e valores de F da análise de variância (ANOVA) dos parâmetros físico-químicos medidos nas quatro estações ao longo do rio Galma

Stations	Station I	Station II	Station III	Station IV	Total		Analysis of variance	
Physicochemical parameters	Mean	Mean	Mean	Mean	Mean	Standard Error	F-value	P-value
Dissolved oxygen (mg/L)	5.96 (4.45 – 7.61)	6.10 (4.80 – 7.02)	6.10 (4.93 – 6.91)	6.05 (4.53 – 7.28)	6.05	0.12	0.08	0.97
Biochemical oxygen demand (mg/L)	4.24 (3.31 – 4.87)	4.86 (3.93 – 5.78)	4.81 (3.98 – 5.48)	4.51 (1.93 – 5.48	4.61	0.10	2.30	0.09
Phosphates (mg/L)	4.14 (3.32 – 5.21)	4.17 (3.07 – 4.72)	3.88 (3.07 – 4.70)	4.47 (3.90 - 5.21)	4.17	0.07	2.84	0.05
Nitrates (mg/L)	2.01 (1.10 – 2.78)	1.92 (1.02 – 2.45)	1.97 (1.13 – 2.45)	2.17 (1.32 – 2.78	2.08	0.07	0.59	0.62
Total Alkalinity (mg/L)	25.43 (20.00 - 33.21)	26.80 (23.42 - 35.71)	26.78 (20.00 35.73)	25.35 (23.50 - 27.81)	26.09	0.52	0.62	0.61
Conductivity (µS/cm)	45.32 (41.50 - 51.29)	47.67 (42.13 - 61.21)	46.30 (40.90 -61.43)	46.32 (42.43 - 52.32)	46.40	0.68	0.51	0.68
Temperature (°c)	24.87 (20.09 -27.22)	25.86 (24.93 - 27.22)	25.87 (22.46 -28.21)	24.56 (20.09 - 29.25)	25.29	0.31	1.20	0.32
P^H	7.21 (6.82 - 8.01)	7.12 (6.78 - 7.80)	7.19 (6.78 - 8.01)	7.20 (6.79 - 7.80)	7.18	0.05	0.16	0.92
Depth (m)	0.73 (0.62 – 0.82)	0.81 (0.67 - 0.95)	0.81 (0.69 – 0.93)	0.80 (0.72 – 0.95)	0.79	0.01	3.15	0.03

Coeficiente de correlação de parâmetros físico-químicos e macrinvertebrados aquáticos no rio Galma.

Um resumo da relação entre os parâmetros físico-químicos e a abundância de maroinvertebrados aquáticos é apresentado no Quadro 4.3. O resultado mostra que existe uma forte correlação entre os parâmetros físico-químicos e a abundância de maroinvertebrados aquáticos no rio. O oxigénio dissolvido mostra uma relação negativa com todas as espécies, exceto *Hirudo medicinalis* que tem um valor (r = 0,665). A carência bioquímica de oxigénio também apresenta uma relação negativa com todas as espécies, exceto *Bithynia tentaculata* e *Hirudo medicinalis*, com valores (r = 0,328 e 0,743) respetivamente. A concentração de hidrogénio (pH) apresenta correlações positivas com a maioria das espécies, exceto com *Argyroneta aquatic, Liocarcinus vernalis, Pomacea insularum* e *Hirudo medicinalis*, que apresentam correlações negativas com valores (r = -0,089, -0,049, -0,185 e -0,388), respetivamente.

Tabela 4,3 Coeficiente de correlação dos parâmetros físico-químicos e macrinvertebrados aquáticos no rio Galma.

Aquatic macroinvertebrates / physicochemical parameters	Dissolved Oxygen (mg/L)	Biochemical Oxygen demand (mg/L)	Phosphate (mg/L)	Nitrate (mg/L)	Alkalinity (mg/L)	Conductivity (mg/L)	Temperature (°C)	pH	Depth (m)
Ischnura Aurora	-0.954	-0.956	0.093	0.356	-0.777	-0.951	-0.682	0.826	-0.924
Corixa punctata	-0.829	-0.913	0.704	0.758	-0.996	-0.652	-0.980	0.653	-0.671
Ranatra elongate	-0.821	-0.921	0.585	0.794	-0.989	-0.778	-0.969	0.807	-0.665
Lethocerns americanus	-0.295	-0.173	-0.851	-0.539	0.220	-0.527	0.345	0.327	-0.475
Anacaenini anacaena	-0.500	-0.555	-0.282	0.338	-0.426	-0.910	-0.367	0.935	-0.480
Ranatra chinensis	-0.725	-0.634	-0.483	-0.201	-0.271	-0.818	-0.134	0.597	-0.834
Gryllus assimilis	-0.866	-0.807	0.440	0.151	-0.681	-0.414	-0.604	0.200	-0.846
Aquarius remigis	-0.013	-0.175	0.022	0.652	-0.327	-0.524	-0.371	0.768	0.113
Haliplus flavicollis	-0.143	0.025	-0.898	-0.785	0.440	-0.249	0.565	0.000	-0.366
Benacus griseus	-0.795	-0.878	0.219	0.646	-0.840	-0.955	-0.793	0.970	0.693
Argyroneta aquatica	-0.668	-0.509	-0.062	-0.409	-0.204	-0.238	-0.086	-0.089	-0.782
Pirata piraticus	-0.876	-0.865	-0.121	0.235	-0.636	-0.977	-0.530	0.848	-0.882
Cambarus robustus	-0.394	-0.320	-0.741	-0.294	0.021	-0.709	0.137	0.566	-0.523
Liocarcinus vernalis	-0.478	-0.289	-0.549	-0.688	0.128	-0.286	0.270	-0.049	-0.673
Bithynia tentaculata	0.463	0.328	-0.225	0.334	0.162	-0.109	0.092	0.381	0.532
Pomacea insularum	-0.620	-0.524	0.412	-0.087	-0.410	-0.053	-0.347	-0.185	-0.636
Hirudo medicinalis	0.655	0.743	-0.893	-0.747	0.914	0.344	0.932	-0.368	0.477

Variações mensais de temperatura entre as estações de amostragem

Ao longo do período de estudo, de maio de 2013 a abril de 2014, a temperatura variou entre 20,09° C e 27,22° C na estação I, 24,93 C e 27,22 C na estação II, 22,46 C e 28,21 C na estação III e 20,09 C e 29,25° C na estação IV. (Tabela 4.4). A temperatura média mais baixa de 24,56° C foi registada na estação IV e a temperatura média mais alta de 25,87° C foi registada na estação III. As estações I e II registaram a temperatura média de 24,87° C e 25,86° C, respetivamente. Durante o período de estudo, de maio de 2013 a abril de 2014, a temperatura mínima de 20,09° C foi registada na estação I e IV em abril de 2014 e dezembro de 2013, respetivamente, e a temperatura máxima de 29,25° C foi registada na estação IV em abril de 2014. Uma análise de variância (ANOVA) mostra que P (0,321) > α (0,05), o que indica que não há diferença significativa na temperatura entre as estações de amostragem durante o período de estudo. (APENDICE I)

Tabela 4.4 Variação mensal da temperatura (° C) das estações de amostragem (maio 2013 - Abr. 2014)

MÊS	ESTAÇÕES DE AMOSTRAGEM

	Estação I	Estação II	Estação III	Estação IV
maio	27.22	25.51	26.51	27.25
Jun	26.27	25.52	27.20	26.21
Jul	24.93	25.53	25.00	24.94
agosto	25.50	25.40	25.20	25.23
setembro	26.51	25.52	25.72	25.67
outubro	27.20	26.07	24.87	23.71
Nov	25.00	27.20	22.46	21.19
Dez	25.20	25.51	23.71	20.09
Jan	25.67	25.61	28.21	22.29
Fev	23.71	27.22	26.00	20.23
Mar	21.19	26.27	27.92	28.67
abril	20.09	24.93	27.68	29.25
MEIO	**24.87**	**25.86**	**25.87**	**24.56**
GAMA	**(20.09 - 27.22)**	**(24.93 - 27.22)**	**(22.46 - 28.21)**	**(20.09 - 29.25)**

A temperatura da água é um fator importante que indica a qualidade da água, influenciando a vida aquática e a concentração de gases dissolvidos e solutos químicos. No período de estudo, de maio de 2013 a abril de 2014, a temperatura variou de 20,09° C a 27,22° C na estação I, 24,93° C a 27,22° C na estação II, 22,46° C a 28,21° C na estação III e 20,09 C a 29,25° C na estação IV. A temperatura mínima de 20,09° C foi registada nas estações I e IV em abril de 2014 e dezembro de 2013, respetivamente, e a temperatura máxima de 29,25° C foi registada na estação IV em abril de 2014. Esta observação está em conformidade com o trabalho de Zahoor *et al* (2012) no seu trabalho sobre "Avaliação da qualidade da água: características físico-químicas do rio Narmada em Madhya Pradesh, Índia". Gupta *et al* (2001), Chaudhari *et al* (2001) e Singh e Singh (2003) também efectuaram observações semelhantes em várias massas de água doce. Emere e Nasiru (2008) também registaram observações semelhantes no estudo realizado sobre Macroinvertebrados como indicadores da qualidade da água de um ribeiro urbanizado, em Kaduna, Nigéria.

Variação mensal da condutividade das estações de amostragem

Durante o período de estudo, de maio de 2013 a abril de 2014, a condutividade variou entre 41,50 pScm^{-1} e 51,29 μScm^{-1} na estação I, 42,13 μScm^{-1} e 61,21 μScm^{-1} na estação II, 40,90 μScm^{-1} e 61,43μScm^{-1} na estação III e 42,43 e 52,32 μScm^{-1} na estação IV. A menor condutividade média de 42,43 μScm^{-1} foi registada na estação IV e a maior condutividade média de 47,67 μScm^{-1} foi registada na estação II, enquanto as estações I e III registaram uma condutividade média de 45,32 μScm^{-1} e 46,32 μScm^{-1} , respetivamente. A condutividade mínima de 40,90μScm^{-1} foi registada na estação III no mês de agosto de 2013 e a condutividade máxima de 61,43μScm^{-1} foi registada na estação III no mês de abril de 2014. (Fig. 4.3). A análise de variância (ANOVA) mostra que P (0,607) > α (0,05), o que indica que não há diferença significativa na condutividade entre as estações de amostragem, ao longo do período de estudo. (APÊNDICE I).

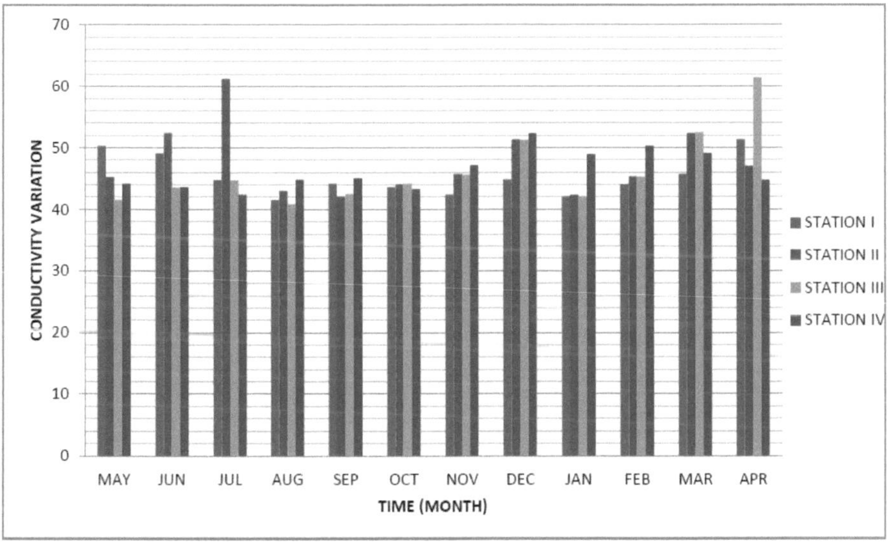

Fig. 4.3 Variação mensal da condutividade entre as estações de amostragem. (maio 2013 - Abr 2014)

A condutividade é uma medida da capacidade da água para fazer passar uma corrente eléctrica. A condutividade da água é afetada pela presença de sólidos inorgânicos dissolvidos. Durante o período de estudo, de maio de 2013 a abril de 2014, a condutividade variou entre 41,50μScm^{-1} e 51,29μScm^{-1} na estação I, 42,13μScm^{-1} e 61,2μScm^{-1} na estação II, 40,90μScm^{-1} e 61,43μScm^{-1} na estação III e 42,43μScm^{-1} e 52,32μScm^{-1} na estação IV. A menor condutividade média de 42,43μScm^{-1} foi registada na estação IV e a maior condutividade média de 47,67μScm^{-1} foi registada na estação II. A condutividade mínima de 40,90μScm^{-1} foi registada na estação III no mês de agosto de 2013 e a condutividade máxima de 61,43μScm^{-1} foi registada na estação III no mês de abril de 2014. Isto é semelhante ao trabalho de Emere e Nasiru (2008) que registaram condutividade entre 32,0μScm^{-1} e 63,0μSc^{-1} no estudo realizado sobre Macroinvertebrados como indicadores da qualidade da água de um riacho urbanizado, Kaduna Nigéria.

Variação mensal do pH entre as estações de amostragem

Durante o período de estudo, de maio de 2013 a abril de 2014, o pH variou entre 6,82 e 8,01 na estação I, 6,78 e 7,80 na estação II, 6,78 e 8,01 na estação III e 6,79 e 7,80 na estação IV. O valor médio de pH mais baixo, de 7,12, foi registado na estação II e o valor médio mais elevado, de 7,21, foi registado na estação I, enquanto as estações III e IV registaram valores médios de 7,19 e 7,20, respetivamente. O valor mínimo de pH de 6,78 foi registado nas estações II e III nos meses de outubro de 2013 e abril de 2014, respetivamente, e o valor máximo de pH de 8,01 foi registado nas estações I e III nos meses de janeiro de 2014 e setembro de 2013, respetivamente. (Fig.4.4). A análise de variância (ANOVA) mostra que P (0,924) > α (0,05), o que indica que não há diferença significativa no pH entre as estações de amostragem durante o período de estudo. (APÊNDICE I)

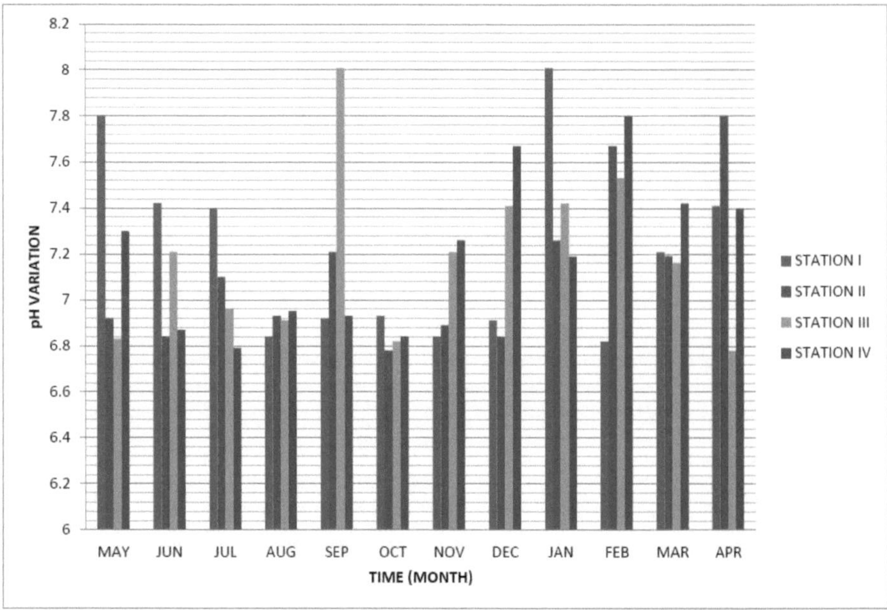

Fig. 4.4 Variação mensal do pH entre as estações de amostragem. (maio 2013 - abril 2014) O pH é um parâmetro importante na avaliação do equilíbrio ácido-base da água. As águas naturais geralmente variam entre 5,5 e 8,6 devido à presença de bicarbonatos e carbonatos de metais alcalino-terrosos. É necessário beber água com um pH de 6,5 a 8,3. Durante o período de estudo, de maio de 2013 a abril de 2014, o pH variou entre 6,82 e 8,01 na estação I, 6,78 e 7,80 na estação II, 6,78 e 8,01 na estação III e 6,79 e 7,80 na estação IV. O

menor valor médio de pH de 7,12 foi registado na estação II e o maior valor médio de 7,21 foi registado na estação I. O valor mínimo de pH de 6,78 foi registado nas estações II e III nos meses de outubro de 2013 e abril de 2014, respetivamente, e o valor máximo de pH de 8,01 foi registado nas estações I e III nos meses de janeiro de 2014 e setembro de 2013, respetivamente. Estes valores estão dentro do limite máximo admissível prescrito pela Organização Mundial de Saúde (OMS 1993). Os resultados do nosso estudo coincidem com as conclusões de Sharma *et al* (2004). Shailendra *et al* (2012), que também registaram resultados semelhantes ao trabalharem na avaliação dos parâmetros físico-químicos do rio Narmada, MP, Índia.

Variação mensal da Alcalinidade Total entre as estações de amostragem.

Durante o período de estudo, de maio de 2013 a abril de 2014, a alcalinidade total da água nas estações de amostragem oscilou entre 20,00 e 33,21 na estação I, 23,42 e 35,71 na estação II, 20,00 e 35,73 na estação II e entre 23,50 e 27,81 na estação IV. (Tabela 4.5).

O valor médio mínimo de alcalinidade total de 25,35 foi registado na estação IV e o valor médio máximo de 26,80 foi registado na estação II, enquanto as estações I e III registaram valores médios de 25,43 e 26,78, respetivamente. O valor mais elevado de alcalinidade total de 35,73 foi registado na estação III, no mês de março de 2014 e o valor mais baixo de 20,00 foi registado nas estações I e III em abril de 2014 e agosto de 2013, respetivamente. A análise de variância (ANOVA) mostra que P (0,607) > α (0,05), o que indica que não há diferença significativa na alcalinidade total entre as estações de amostragem durante o período de estudo. (APÊNDICE I)

Tabela 4.5 Variação mensal da alcalinidade nas estações de amostragem (maio 2013 - abril 2014)

MÊS	ESTAÇÕES DE AMOSTRAGEM			
	Estação I	Estação II	Estação III	Estação IV
maio	24.32	28.54	33.21	25.03
Jun	26.19	35.71	26.23	26.17
Jul	23.42	27.51	22.50	23.71
agosto	24.00	26.02	20.00	24.23
setembro	27.29	24.32	23.23	26.09
outubro	24.15	26.19	25.72	23.72
Nov	26.03	23.42	20.53	23.50
Dez	27.81	23.57	24.73	26.43
Jan	33.21	26.73	33.75	27.29
Fev	26.23	27.25	28.51	24.15

Mar	22.50	24.15	35.73	26.03
abril	20.00	28.13	27.21	27.81
MEIO	**25.43**	**26.80**	**26.78**	**25.35**
GAMA	**(20.00 - 33.21)**	**(23.42 - 35.71)**	**(20.00 - 35.73)**	**(23.50 - 27.81)**

A alcalinidade é uma medida da capacidade da água para neutralizar ácidos. Os compostos alcalinos presentes na água, como os bicarbonatos, carbonatos e hidróxidos, removem os iões H^+ e diminuem a acidez da água. Durante o período do nosso estudo, de maio de 2013 a abril de 2014, a alcalinidade total da água nas estações de amostragem oscilou entre 20,00 mg/L e 33,21 mg/L na estação I, 23,42 mg/L e 35,71 mg/L na estação II, 20,00 mg/L e 35,73 mg/L na estação II e entre 23,50 mg/L e 27,81 mg/L na estação IV.

O valor médio mínimo de alcalinidade total de 25,35 mg/L foi registado na estação IV e o valor médio máximo de 26,80 foi registado na estação II. O valor mais elevado de alcalinidade total de 35,73 mg/L foi registado na estação III, no mês de março de 2014, e o valor mais baixo de 20,00 mg/L foi registado nas estações I e III em abril de 2014 e agosto de 2013, respetivamente. Nnaji *et al* (2011), ao trabalharem no "Efeito da poluição nos parâmetros físico-químicos da água e dos sedimentos do rio Galma, Zaria, Nigéria", registaram uma alcalinidade total de 61 a 66 mg/L a jusante e de 29 a 75 mg/L a montante do rio. Estes valores são mais elevados do que os registados no nosso estudo. No entanto, os valores obtidos no nosso estudo concordam com os de Fafioye *et al.* (2005) que registaram uma alcalinidade total de 24,2 a 25,4 mg/L para a água da massa de água Omi de Ago-Iwoye, Nigéria.

Variação mensal do Oxigénio Dissolvido (OD) entre as estações de amostragem

Durante o período de estudo, de maio de 2013 a abril de 2014, o DO variou entre 4,45mg/L e 7,61mg/L na estação I, 4,80mg/L e 7,02mg/L na estação II, 4,93mg/L e 6,91mg/L na estação III e 4,53mg/L e 7,28mg/L na estação IV. O menor valor médio de OD de 5,96mg/L foi registado na estação I, e o maior valor médio de 6,10mg/L foi registado nas estações II e III, enquanto a estação IV registou um valor médio de 6,05mg/L. O valor mínimo de oxigénio dissolvido (OD) de 4,45mg/L foi registado na estação I no mês de março de 2014, e o valor máximo de 7,61mg/L também foi registado nas estações I no mês de setembro de 2013. (Fig.4.5). A análise de variância (ANOVA), mostra que P (0,619) > α (0,05) isto indica que não há diferença significativa na quantidade de oxigénio dissolvido entre as estações de amostragem, ao longo do período de estudo. (APÊNDICE I)

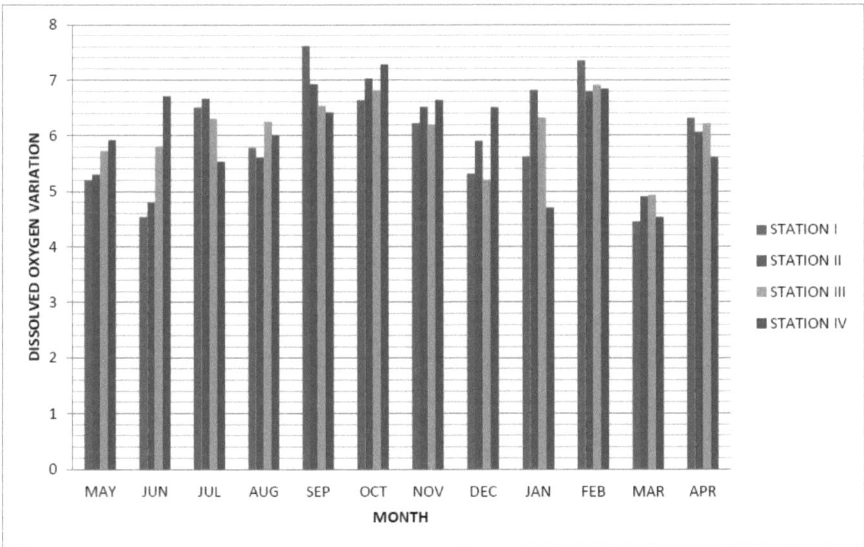

Fig. 4.5 Variação mensal da concentração de Oxigénio Dissolvido (OD) entre as estações de amostragem. (maio 2013 - Abr 2014)

O oxigénio dissolvido (OD) tem sido um requisito fundamental da vida da população vegetal e animal de qualquer massa de água. O oxigénio dissolvido é um teste importante para estudar a qualidade da água. (Pir, *et-al* 2012). Durante o nosso período de estudo, de maio de 2013 a abril de 2014, o DO variou entre 4,45mg/L e 7,61mg/L na estação I, 4,80mg/L e 7,02mg/L na estação II, 4,93mg/L e 6,91mg/L na estação III e 4,53mg/L e 7,28mg/L na estação IV. O menor valor médio de OD de 5,96mg/L foi registado na estação I, e o maior valor médio de 6,10mg/L foi registado nas estações II e III. O valor mínimo de oxigénio dissolvido (OD) de 4,45mg/L foi registado na estação I no mês de março de 2014, e o valor máximo de 7,61mg/L foi também registado na estação I no mês de setembro de 2013. O valor médio de OD registado neste trabalho está em conformidade com o de Nnaji *et al* (2011), que registaram valores médios de OD de 5,78 mg/L e 5,62 mg/L para a área a jusante e a área a montante do mesmo rio, respetivamente. Zahoor *et al* (2012) também registaram DO que variou entre 6,3 mg/L e 9,2 mg/L na estação I e entre 6,3 mg/L e 9 mg/L na estação II no rio Narmada em Madhya Pradesh, Índia.

Variação mensal da carência bioquímica de oxigénio (CBO) entre as estações de amostragem.

Durante o período de estudo, de maio de 2013 a abril de 2014, a CBO das estações de amostragem oscilou entre 3,31mg/L e 4,87mg/L na estação I, 3,93mg/L e 5,78mg/L na estação II, 3,98mg/L e 5,48mg/L na estação III e entre 1,93mg/L e 5,48mg/L na estação IV. O valor médio mínimo de CBO de 4,24mg/L foi registado na estação I, enquanto a estação II registou o valor médio máximo de 4,86mg/L e as estações III e IV registaram um valor médio de 4,81mg/L e 4,51mg/L, respetivamente. O valor mais baixo de Carência Bioquímica de Oxigénio (CBO) de 1,93mg/L foi registado na estação IV durante o mês de abril de 2014 e o valor mais elevado de 5,78mg/L foi registado na estação II nos meses de julho de 2013 e outubro de 2013, como mostra a Figura 4.6. A análise de variância (ANOVA), mostra que P (0,565) > α (0,05) isto indica que não há diferença significativa na CBO entre as estações de amostragem, ao longo do período de estudo. (APÊNDICE I).

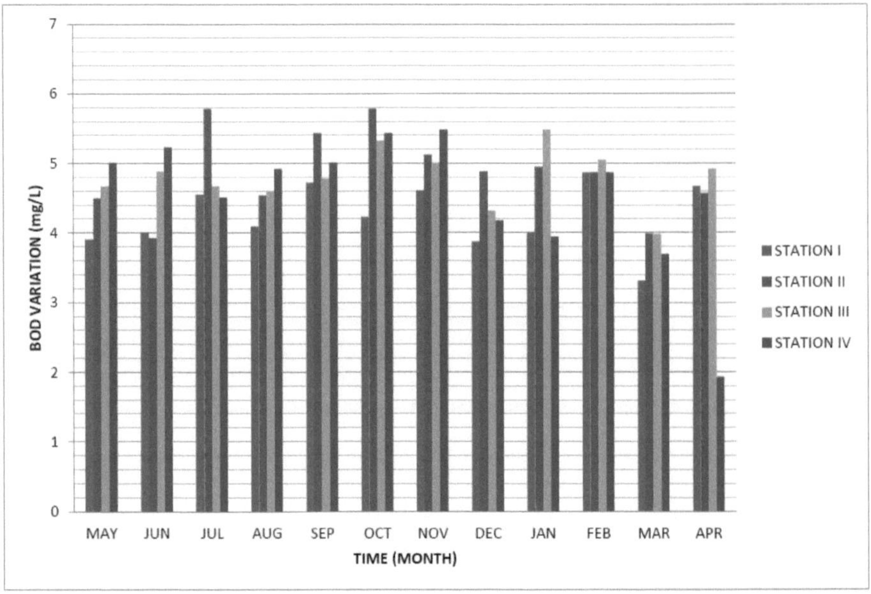

Fig.4.6 Variação mensal da concentração de carência bioquímica de oxigénio (CBO) entre as estações de amostragem. (maio 2013 - Abr 2014)

A carência bioquímica de oxigénio é um teste para medir a quantidade de matéria orgânica biodegradável presente numa amostra de água. Durante o período de estudo, de maio de 2013 a abril de 2014, a CBO das estações de amostragem oscilou entre 3,31mg/L e 4,87mg/L na estação I, 3,93mg/L e 5,78mg/L na estação II, 3,98mg/L e 5,48mg/L na estação III e entre 1,93 mg/L e 5,48mg/L na estação IV. O valor médio mínimo de CBO de 4,24 mg/L foi registado na estação I, enquanto a estação II registou o valor médio máximo de 4,86 mg/L. O valor mais baixo de carência bioquímica de oxigénio (CBO) de 1,93 mg/L foi registado na estação

IV durante o mês de abril de 2014 e o valor mais elevado de 5,78 mg/L foi registado na estação II nos meses de julho de 2013 e outubro de 2013. Nnaji *et al* (2011) registaram CBO entre 4,5 e 6,0 mg/L na zona a jusante e entre 4,0 e 5,7 mg/L na zona a montante do mesmo rio. Shailendra *et al* (2013) registaram concentrações de CBO semelhantes, enquanto trabalhavam na diversidade da comunidade de macroinvertebrados em relação ao estado da qualidade da água do rio Kunda MP, Índia.

Variação mensal da concentração de fosfato entre as estações de amostragem.

Durante o período de estudo, de maio de 2013 a abril de 2014, o valor de Fosfato das estações de amostragem flutuou entre 3,32mg/L e 5,21mg/L na estação I, 3,07mg/L e 4,72mg/L na estação II, 3,07mg/L e 4,70mg/L na estação III e 3,90mg/L e 5,21 mg/L na estação IV, como mostra a tabela 4.6. A estação IV registou o valor médio mais elevado de 4,47mg/L e o valor médio mais baixo de 3,88mg/L foi registado na estação III, enquanto as estações I e II registaram valores médios de 4,14mg/L e 4,17mg/L, respetivamente. O valor mais elevado de Fosfato de 5,21mg/L foi registado nas estações I e IV nos meses de maio de 2013 e fevereiro de 2014, respetivamente, e o valor mais baixo de Fosfato de 3,07mg/L foi registado nas estações II e III nos meses de outubro de 2013 e fevereiro de 2014, respetivamente. A análise de variância (ANOVA), mostra que P (0,014) < α (0,05) isso indica que há diferença significativa no teor de fosfato entre as estações de amostragem, durante o período de estudo. (APÊNDICE I)

Tabela 4.6 Concentração mensal de fosfato (PO_4^{3-}) nas estações de amostragem (maio de 2013 - abril de 2014)

MÊS	ESTAÇÕES DE AMOSTRAGEM			
	Estação I	Estação II	Estação III	Estação IV
maio	5.21	4.21	4.70	4.31
Jun	4.50	4.04	3.40	4.40
Jul	4.26	4.72	4.20	4.42
agosto	4.20	4.40	4,40	4.70
setembro	4.70	4.50	3,32	4.61
outubro	3.40	3.07	3.40	4.12
Nov	4.20	3.62	4.41	3.90
Dez	4.40	4.40	3.62	4.83
Jan	3.32	4.70	4.03	4.34
Fev	3.40	4.31	3.07	5,21
Mar	4.41	4.22	3.62	4.50
abril	3.62	3.90	4.40	4.26

MEIO	4.14	4.17	3.88	4.47
GAMA	(3.32 - 5.21)	(3.07 - 4.72)	(3.07 - 4.70)	(3.90 - 5.21)

Os fosfatos são nutrientes essenciais para as plantas. No ecossistema aquático, o fosfato inorgânico, sob a forma de ortofosfato solúvel, desempenha um papel dinâmico. Os ortofosfatos são facilmente absorvidos pelo fitoplâncton ou perdidos nos sedimentos. As fontes naturais de fósforo na água provêm da lixiviação de fosfato das rochas e da decomposição da matéria orgânica. (Zahoor *et al* 2012). Durante o presente estudo, de maio de 2013 a abril de 2014, o valor de Fosfato das estações de amostragem flutuou entre 3,32mg/L e 5,21mg/L na estação I, 3,07mg/L e 4,72mg/L na estação II, 3,07mg/L e 4,70mg/L na estação III e 3,90mg/L e 5,21mg/L na estação IV. A estação IV registou o valor médio mais elevado de 4,47mg/L e o valor médio mais baixo de 3,88mg/L foi registado na estação III. Os valores mais elevados de fosfato de 5,21 mg/L foram registados nas estações I e IV nos meses de maio de 2013 e fevereiro de 2014, respetivamente, e os valores mais baixos de fosfato de 3,07 mg/L foram registados nas estações II e III nos meses de outubro de 2013 e fevereiro de 2014. Os resultados da concentração de fosfato no nosso trabalho concordam com os de Nnaji *et al* (2011) que registaram um valor médio de 4,03mg/L a montante e 3,03mg/L a jusante do mesmo rio.

Variação mensal da concentração de nitrato entre as estações de amostragem.

Durante o período de estudo, de maio de 2013 a abril de 2014, o valor de nitrato das estações de amostragem flutuou entre 1,10mg/L e 2,78mg/L na estação I, 1,02mg/L e 2,45mg/L na estação II, 1,13mg/L e 2,45mg/L na estação III e entre 1.32mg/L e 2,78mg/L na estação IV. A estação IV registou o valor médio mais elevado de 2,17mg/L e o valor médio mais baixo de 1,92mg/L foi registado na estação II, enquanto as estações I e III registaram valores médios de 2,01mg/L e 1,97mg/L, respetivamente. Os valores mais elevados de nitrato de 2,78mg/L foram registados nas estações I e IV nos meses de abril de 2014 e dezembro de 2013, respetivamente, e o menor valor de nitrato de 1,02mg/L foi registado na estação II no mês de março de 2014. (Fig. 4.7). A análise de variância (ANOVA), mostra que P (0,048) < α (0,05) isso indica que há diferença significativa no teor de nitrato entre as estações de amostragem, durante o período de estudo. (APÊNDICE I)

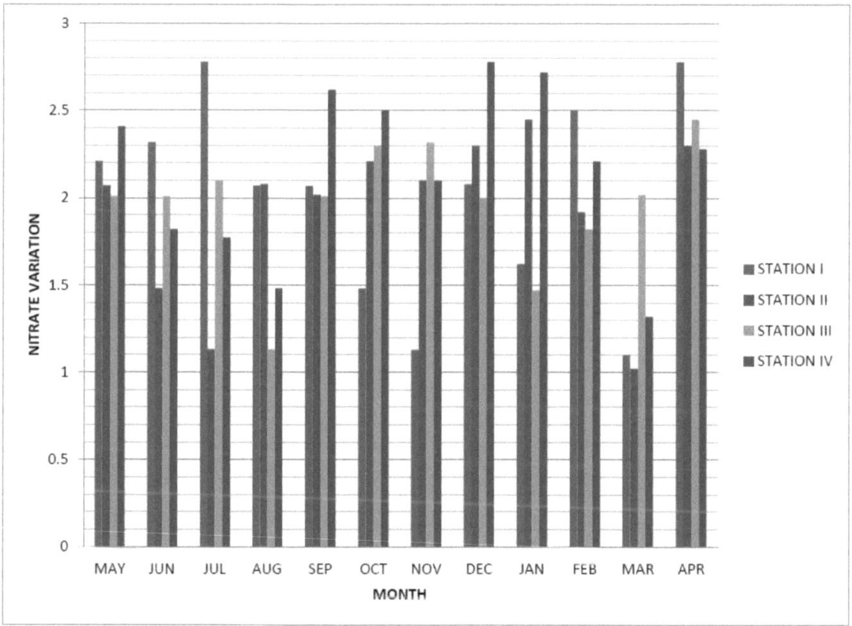

Fig. 4.7 Variação mensal da concentração de Nitrato (No_3^-) entre as estações de amostragem. (maio 2013 - Abr 2014)

Os nitratos são as formas mais oxidadas do azoto e o produto final da decomposição aeróbia da matéria orgânica azotada. O azoto é um elemento essencial para a síntese das proteínas. A avaliação do azoto é, por conseguinte, um parâmetro importante para compreender o estado nutricional das massas de água. (Shailendra *et al* 2013). Durante o período de estudo, de maio de 2013 a abril de 2014, o valor de nitrato das estações de amostragem flutuou entre 1,10mg/L e 2,78mg/L na estação I, 1,02mg/L e 2,45mg/L na estação II, 1,13mg/L e 2,45mg/L na estação III e entre 1,32mg/L e 2,78mg/L na estação IV. A estação IV registou o valor médio mais elevado de 2,17 mg/L e o valor médio mais baixo de 1,92 mg/L foi registado na estação II. Nnaji *et al* (2011) registaram um valor médio de 1,95 mg/L a jusante e 3,05 mg/L a montante do mesmo rio. No presente estudo, os valores mais elevados de nitrato de 2,78mg/L foram registados nas estações I e IV nos meses de abril de 2014 e dezembro de 2013, respetivamente, e o valor mínimo de nitrato de 1,02mg/L foi registado na estação II no mês de março de 2014.

Variação mensal da Profundidade (m) entre as estações de amostragem.

Durante o período de estudo, de maio de 2013 a abril de 2014, a profundidade das estações de amostragem variou de 0,62m a 0,82m na estação I, 0,67m a 0,95m na estação II, 0,69m a 0,93m na estação III e 0,72m a

0,95m na estação IV. (Tabela 4.7). O valor mínimo de profundidade média de 0,73m foi registado na estação I e o valor mais elevado de profundidade média de 0,81 foi registado nas estações II e III, enquanto a estação IV registou um valor médio de 0,80m. As profundidades mais elevadas de 0,95m foram registadas nas estações II e IV, nos meses de setembro e agosto de 2013, respetivamente, enquanto a profundidade mais baixa de 0,62m foi registada no mês de abril de 2014. A análise de variância (ANOVA), mostra que P (0,034) < α (0,05) isso indica que há diferença significativa na profundidade da água entre as estações de amostragem, durante o período de estudo. (APÊNDICE I)

Tabela 4.7 Variação mensal da profundidade (m) das estações de amostragem (maio 2013 - Abr. 2014)

MÊS	ESTAÇÕES DE AMOSTRAGEM			
	Estação I	Estação II	Estação III	Estação IV
maio	0.68	0.67	0.72	0.72
Jun	0.71	0.71	0.81	0.87
Jul	0.72	0.81	0.90	0.79
agosto	0.81	0.92	0.93	0.95
setembro	0.82	0.95	0.89	0.93
outubro	0.77	0.89	0.88	0.84
Nov	0.74	0.85	0.74	0.72
Dez	0.69	0.88	0.78	0.76
Jan	0.73	0.78	0.72	0.79
Fev	0.75	0.69	0.76	0.78
Mar	0.66	0.76	0.69	0.74
abril	0.62	0.77	0.84	0.76
MEIO	**0.73**	**0.81**	**0.81**	**0.80**
GAMA	**(0.62 - 0.82)**	**(0.67 - 0.95**	**(0.69 - 0.93)**	**(0.72 - 0.95**

A profundidade é um fator primordial num ambiente aquático. Durante o período de estudo, de maio de 2013 a abril de 2014, a profundidade das estações de amostragem variou de 0,62m a 0,82m na estação I, 0,67m a 0,95m na estação II, 0,69m a 0,93m na estação III e 0,72m a 0,95m na estação IV. O valor mínimo de profundidade média de 0,73m foi registado na estação I e o valor mais elevado de profundidade média de 0,81 foi registado nas estações II e III. As profundidades mais elevadas de 0,95 m foram registadas nas estações II e IV, nos meses de setembro e agosto de 2013, respetivamente, enquanto a profundidade mais baixa de 0,62 m foi registada no mês de abril de 2014. Embora haja uma diferença significativa na profundidade da água entre as estações de amostragem, durante o período de estudo, não há diferença significativa na profundidade dentro das estações de amostragem ao longo do período do estudo, e isso pode ser atribuído à água libertada da barragem de Galma recentemente construída a montante da área de estudo.

CAPÍTULO 5

CONCLUSÃO E RECOMENDAÇÃO.

Conclusão

O estudo revelou que, apesar de haver uma descarga não regulamentada de resíduos no rio, o nível de poluição no rio é baixo, a maioria dos macroinvertebrados aquáticos recolhidos eram intolerantes à poluição, a água do rio pode ser utilizada tanto para irrigação como para outros fins domésticos. O estudo mostrou que a utilização de macroinvertebrados na avaliação da qualidade da água fornece resultados positivos e promissores, porque mostram uma sensibilidade notável às alterações ambientais, pelo que o estudo conclui que os organismos macroinvertebrados são bons indicadores biológicos da poluição em ambientes aquáticos. A riqueza dos macroinvertebrados aquáticos do rio e também os níveis dos parâmetros físico-químicos estudados, que estão maioritariamente dentro do seu contexto natural, também explicam que a água do rio é adequada para utilização pelas obras de água de Zaria para o abastecimento de água à cidade de Zaria e seus arredores, após tratamento.

Recomendação

A qualidade de um habitat aquático, descrita pelas propriedades físicas e químicas da água, ajuda muito a avaliar as condições de stress e, por conseguinte, o potencial de sobrevivência dos organismos presentes nesse habitat. Mas a deteção precoce de alterações desfavoráveis na qualidade da água permitirá uma gestão adequada do recurso hídrico e da fauna que nele vive. A prática comum de utilizar massas de água naturais como meios de eliminação de resíduos/efluentes na Nigéria representa uma séria ameaça para os ecossistemas aquáticos. Para assegurar a gestão sustentável e a conservação do ambiente aquático e aumentar a biodiversidade, é necessário regulamentar e impedir a descarga de efluentes não tratados das indústrias nas massas de água naturais. Por conseguinte, recomendam-se as seguintes medidas regulamentares:

- Realização de mais estudos sobre a população de macroinvertebrados no rio.

- É necessário prever instalações adequadas de eliminação de resíduos que impeçam o despejo indiscriminado de resíduos no rio Galma.

- São igualmente necessárias campanhas de esclarecimento do público para aumentar o nível de sensibilização e reorientar a atitude das indústrias de grande e pequena escala, bem como dos macroinvertebrados, no que diz respeito aos problemas de poluição ambiental que podem resultar da descarga de resíduos/efluentes não tratados nas massas de água naturais.

- Os agricultores devem ser instruídos sobre os métodos de aplicação de fertilizantes pelos extensionistas agrícolas do Ministério da Agricultura.

REFERÊNCIAS

Adakole, J.A. e Anunne, P.A. (2003). Macroinvertebrados bentónicos como indicadores da qualidade ambiental de um curso de água urbano, Zaria, Norte, Nigéria. *Journal of Aquatic. Science.* **18** (2), 85-92.

Alba-Tercedor, J. (1996). Macroinvertebrados acuáticos y calidad de las aguas de los ríos. IV *Simposio del Agua de Andalucía* (SIAGA), **2**, 203-213.

APHA. (1992). *Standard methods for the examination of water and wastewater.* 18th ed. Associação Americana de Saúde Pública, Washington, DC.

Arimoro, F.O. e E.I. Osakwe, (2006). A influência dos resíduos de madeira de serração na distribuição e população de macroinvertebrados no rio Benin, área do Delta do Níger, Nigéria. *Chemical. Biodivers,* **3**: 578-592.

Arimoro F.O. e Muller W.J,(2009). Mayfly (Insecta: Ephemeroptera community structure as an indicator of the ecological status of a stream in the Niger Delta area of Nigeria. Monitorização e avaliação ambiental DOI 10.1007/s10661-009-1025-3.

Armitage, P.D., Moss, D., Wright, J.F. andFurse, M.T., (1983). The performance of a new biological water quality score system based on macroinvertebrates over a wide range of unpolluted running-water sites. *Water Research* **17**: 333-347.

Armitage, P.D., Furse, M.T. e Wright, J.F., (1992). Environmental quality and biological assessment in British rivers: Perspectivas passadas e futuras. In: Departamente de Economia Plenificacion y Medio Ambiente del Gobierno Vasco (Ed.), Caracterizacion hidrobiologica de la red fluvial de Alava y Gipuzcoa, pp. 477-511.

Atobatele, O. E., Morenikeji, O. A., e Ugwumba, O. A. (2005). Variação espacial dos parâmetros físicos e químicos da fauna de macroinvertebrados bentónicos do rio Ogunpa, Ibadan". *The Zoologist,* **3**:58-67.

Banks, J. L. (2005). Influências do corte raso de árvores sobre os macroinvertebrados em cursos de água perenes e intermitentes da Costa Central do Oregon. Tese de Mestrado, Oregon State University, Corvallis OR. 133 pp.

Beasley, G. & Kneale, P. (2003). Investigating the influence of heavy metals on macroinvertebrate assemblages using Partial Canonical Correspondence Analysis (pCCA), **7**(2), 221-233.

Beche L. A., McElravy E. P., e Resh, V. H. (2006). Variação sazonal a longo prazo nas características biológicas de macroinvertebrados bentónicos em dois cursos de água de clima mediterrânico na Califórnia, EUA. *Freshwater Biology* **51**: 56-75.

Bonada, N.; Dallas, H.; Rieradevall, M.; Prat, N. e Day, J. (2006). A comparison of rapid bioassessment protocols used in 2 regions with Mediterranean climates, the Iberian Peninsula and South Africa. *Journal of the North American Benthological Society,* **25**(2), 487-500.

Bonada, N., Rieradevall, M., e Prat, N.(2007). Estrutura da comunidade de macroinvertebrados e características biológicas relacionadas com a permanência do caudal numa rede fluvial mediterrânica. *Hydrobiologia* **589**:91-106.

Boulton, A.J. e Lake, P.S. (1992). A ecologia de dois riachos intermitentes em Victoria, Austrália III. Alterações temporais na composição faunística. *Freshwater Biology* **27**: 123-138.

Buss D.F. e Salles FF. (2007). Utilização de espécies de Baetidae como indicadores biológicos de degradação ambiental em uma bacia hidrográfica brasileira. *Avaliação de Monitoramento Ambiental* **130**: 365- 372

Cairns, J. Jr. e Pratt, J.R., (1993). A history of biological monitoring using benthic macroinvertebrates. In: Rosenberg, D.M. & Resh, V.H. (Eds.). *Freshwater Biomonitoring and Benthic Macro-invertebrates*. Chapman and Hall, Nova Iorque, pp. 10-27.

Chaudhari U., S. Johari, Seema e Chaudhari P. R. (2001) Trophic status of Chatri lake in vicinity of Amravati city. *Indian Journal of Environmental Health.* **43(**3) pp. 135-137.

Dahl, J.; Johnson, R.K. & Sandin, L. (2004). Deteção da poluição orgânica de cursos de água no sul da Suécia utilizando macroinvertebrados bentónicos. *Hydrobiologia.* **516**, 161-172.

Davis, J., Christidis, F. (1997), *A Guide to Wetland Invertebrates of Southwestern Australia, Western* Australian Museum, Perth.

Delucchi, C. M. e Peckarsky, B. L. (1989). Padrões de história de vida de insectos num riacho intermitente e permanente. *Journal of the North American Benthological Society* **8**(4): 308 - 321

Dieterich, M. (1992). Composição da comunidade de insectos e processos físico-químicos em riachos secos de verão da zona ocidental do Oregon. Tese de doutoramento, Oregon State University, Corvallis OR, 191 pp.

Edokpayi C.A. e Osimen E.C. (2001). Estudos hidrobiológicos no rio Ibiekuma em Ekpoma, Sul da Nigéria, após o represamento: as características da fauna. *Revista Africana de Ciência e Tecnologia.* **2**(1). 72 - 81

Edokpayi, C.A.,. Okenyi, J.C. Ogbeibu A.E e Osimen, E.C. (2000). O efeito das actividades humanas sobre os invertebrados macrobentónicos do riacho Ibiekuma, Ekpoma, Nigéria. *Investigação em Biociências. Community.* **12**: 79-87.

Emere M.C. 2000. A Survey of Macroinvertebrate fauna along River Kaduna, Kaduna, Nigeria, *J. Basic and Applied Sci.* 9: 17-27

Emere M.C. e Nasiru C.E (2008). Macroinvertebrados como Indicadores da Qualidade da Água de um Riacho Urbanizado, Kaduna Nigéria. *Natureza e Ciência,* 6(4):1-7

Fafioye, O.O., K.B. Olurin e A.A. Sowunmi, (2005). Estudos sobre os parâmetros físico-químicos da massa de água omi de Ago-Iwoye, Nigéria. Afr. J. Biotechnol, 4(9): 10221024.

Feminella, J. W., (1996). Comparação das assembleias de macroinvertebrados bentónicos em pequenos cursos de água ao longo de um gradiente de permanência do caudal. *Journal of the North American Benthological Society* 15: 651-669.

Fernández Díaz, M. (2003). *Estudio faunístico y ecológico de los coleópteros acuáticos (Adephaga y,Polyphaga) en la cuenca del río Ávia (Ourense, NO España): Distribución espacial y temporal,* Tese de Licenciatura, Universidad de Vigo, Vigo, Espanha.

Francis O. Arimoro, Robert B. Ikomi e Erebe Efemuna, (2007). Padrões e diversidade da comunidade de macroinvertebrados em relação ao estado da qualidade da água do rio Ase, Delta do Níger, Nigéria. *Jornal de Pescas e Ciências Aquáticas, 2: 337-344.*

Freund, G.J. e Petty, J.T. (2007). Resposta dos índices de bioavaliação de peixes e macroinvertebrados à química da água numa bacia hidrográfica minada dos Apalaches. *Environmental Management,* 39, 707-720.

George, A.D.I., J.F.N. Abowei e E.R. Daka, 2009. Fauna de macroinvertebrados bentónicos e parâmetros físico-químicos nos sedimentos do riacho Okpoka, Delta do Níger,

Nigéria. *Int. J. Anim. Vet. Adv.* 1: 59-65

Gerhardt, A. (2000). Biomonitorização de águas poluídas: Reviews on Atual Topics. Trans Tech Publications Inc., Zurique, Suíça.

Hauer, F.R. e Resh., V.H. (1996). Macroinvertebrados bentónicos, In: Métodos em

Stream Ecology, F.R. Hauer e G.A. Lamberti (eds), pp. 339-369, Academy Press, Nova Iorque, EUA.

Hellawell, J.M., (1986). Biological indicators of freshwater pollution and environmental management. Elsevier Applied Science, Londres

Jain R. e Sharma D. (2000) Water quality of Rampur reservoir of Guna District (M. P. India) *Environmental* Conservation *Journal* **1**(2): 99-102.

Karr, J.R., (1981). Avaliação da integridade biótica utilizando comunidades de peixes. *Fisheries* **6**: 21-27.

Karr, J.R., (1991). Biological integrity: a long-neglected aspect of water resource management (Integridade biológica: um aspeto há muito negligenciado da gestão dos recursos hídricos). - *Ecologia Aplicada.* **1**(1): 66-84.

Karr, J.R., Fausch, K.D., Angermeier, P.L., Yant, P.R., e Schlosser, I.J., (1986).

Assessing biological integrity in running waters: a method and its rationale (Avaliação da integridade biológica em águas correntes: um método e sua fundamentação). Publicação especial 5, Illinois Natural History Survey, Urbana.

Khanna D.R. e Bhutani R. (2003) Limnological status of Satikund Pond at Hardiwar. *Indian Journal of Environmental Science* **7**(2): 131-136.

Kolkwitz, R. e Marsson, M., (1908). Ökologie der pflanzlichen Saprobien. *Berichte der Deutschen Botanischen Gesellschaft* **26:** 505-519.

Kolkwitz, R. e Marsson, M., (1909). Ökologie der tierischen Saprobien. Beitrage zur Lehre vonder biologische Gewasserbeurteilung. *Internationale Revue der Gesammten Hydrobiologie* **2**: 126-152.

Lenat, D.R., (1988). Avaliação da qualidade da água de cursos de água utilizando um método de recolha qualitativa de macroinvertebrados bentónicos. *Journal of the North American Benthological Society* **7**: *222-233.*

Lydeard, C., R.H. Cowie, W.F. Ponder, A.E. Bogan e P. Bouchet, (2004). The global decline of Non-marine mollusks (O declínio global dos moluscos não marinhos). Bioscience, 54: 321-330

Maeques, M.J., Martinez-Conde E. e Rovira, J.V. (2003). Efeitos da exploração mineira de zinco e chumbo na fauna de macroinvertebrados bentónicos de um ecossistema fluvial. *Waert. Air,soil polutionl.* **148**: 363 - 388.

Metcalfe, J.L. (1989). Avaliação da qualidade biológica das águas correntes com base nas comunidades de macroinvertebrados: History and Present Status in Europe. *Environmental Pollution,* **60**, 101-139.

Miserendino, M.L. e L.A. Pizzolon, (2003). Distribuição das assembleias de macroinvertebrados na bacia do rio Azual-Quemquemtreu, Patagónia, Argentina Nova Zelândia. *J. Marine Fresh Water Research,* 37: 525-539.

Narita, T.; Hossain, M. e Sekiguchi, H. (2003). Variação sazonal e interanual da biomassa e abundância de Megabenthos na Baía de Ise, Japão Central. *Benthos Research,* volume 58, número 1: 75 - 85.

Ndome, C. B.; Udo, I. U.; Akpan, I. I. e Udom, C. (2011). Efeito da Qualidade da Água e das Propriedades do Solo do Fundo na Diversidade e Abundância da Fauna Macro-bentónica em Algumas Terras Tropicais de Cultivo em Alguns Lagos. *Ecologia* DOI: 10. 3923/ ecologia pp1-11.

Neira, C.; Gronsholz, E. D. Levin, L. A. e Blake, R. (2006). Mechanisms Generating Modification of Benthos Following Tidal Flat Invasion by a Spartina Hybrid. *Aplicação Ecológica* 6(4): 1391-1404.

Nnaji J.C., Uzairu, A. Harrison G.F.S. e Balarabe, M.L. (2011). Efeito da poluição nos parâmetros físico-químicos da água e dos sedimentos do rio Galma, Zaria, Nigéria. *Revista de Investigação em Ciências do Ambiente e da Terra* 3(4): 314-320, 2011 ISSN: 2041-0492

Ofojekwu, P.C., Umar D.N. e Onyeka, J.O.A. (1996). Estado de poluição dos resíduos industriais e seus efeitos na distribuição de macroinvertebrados ao longo do canal de água Anglo - Jos, Nigéria. *Journa Aquatic Science* **11**:1-6.

Ogbeibu A.E. e Oribhabor B.J, (2002). Impacto ecológico do represamento de um rio utilizando macroinvertebrados bentónicos como indicador. *Water Research* 36: 2427-2436.

Ohio EPA. (2002). Field Evaluation Manual for Ohio's Primary Headwater Streams (Manual de Avaliação de Campo para os Cursos de Água Primários de Cabeceira do Ohio). Agência de Proteção Ambiental do Ohio, Divisão de Águas de Superfície, Columbus OH, 66 pp.

Okorafor K. A., Effanga E. O., Andem A. B., George U. U. e Amos D. I. (2013).

Variação Espacial dos Parâmetros Físicos e Químicos e dos Macro-Invertebrados nas Regiões Intertidais do Rio Calabar, Nigéria Greener *Journal of Geology and Earth Sciences.* 1 (2), pp. 063 072, setembro de 2013.

Olomukoro J. O. e Egborge, A. B. M. (2003). Estudos hidrobiológicos em Warri,

River, Nigéria Parte 1: Composição, distribuição e diversidade da fauna macrobentónica. *Biose. Res. Commun.* 15: 279-296

Ombu, E. I. (1987). The Impact of the Okrika Oil Terminal on the Littoral Benthos of the Central Bonny Estuary, Nigeria Dissertação de Mestrado. Tese, Universidade Estatal de Ciência e Tecnologia de Rivers, Port Harcourt, 226p.

Pen, L.J. (1999). *Managing Our Rivers,* Water and Rivers Commission, Perth.

Pennak, R.W. (1978). Freshwater invertebrates of United States. John Wiley and Sons, Londres.

Pir, Z., Tali, I., Mudgal,L.K., Sharma, S. e Siddique, A. (2012). Avaliação da qualidade da água: Características físico-químicas do rio Narmada em Madhya Pradesh, Índia. *Reseacher* 2012;4(5):63-67.

Pathak SK., e Mudgal LK., (2005) Limnologia e biodiversidade da fauna piscícola no reservatório de Virla, MP Índia. *J. Comp. Toxicol. Physiol.* 2(1) 86-90.

Plafkin, J.L., Barbour, M.T., Porter, K.D., Gross, S.K. e Hughes, R.M., (1989). Protocolos de bioavaliação rápida para utilização em cursos de água e rios: macroinvertebrados bentónicos e peixes. EPA 444/4-89-001.

Agência de Proteção do Ambiente dos EUA. Washington DC.

Rosenberg D.M. e Resh V.H, (1993). Freshwater biomonitoring and benthic invertebrates (pp.1- 448). Nova Iorque: Chapman and Hall.

Savage, N. L. e Rabe, F. W. (1979). Tipos de riachos em Idaho: uma abordagem para a classificação de riachos em áreas naturais. *Biological Conservation* 15: 301-315.

Rosenberg, D.M. e Resh, V.H. (1993). Introduction to freshwater biomonitoring and benthic macroinvertebrates, In: Freshwater Biomonitoring and Benthic Macroinvertebrates, D.M. Rosenberg e V.H. Resh (eds), pp. 1-9, Chapmann and Hall, Nova Iorque, EUA.

Shailendra Sharma, Imtiyaz Tali, Zahoor Pir, Anis Siddique, L. K. Mudgal (2012) Avaliação dos parâmetros físico-químicos do rio Narmada, MP, Índia. *Investigador* 2012;4(5):13-19. (ISSN: 1553-9865).

Shailendra Sharma, Sudha Dubey, Rajendra Chaurasia, Vibha Dave (2013) Diversidade da comunidade de macroinvertebrados em relação ao estado da qualidade da água do rio Kunda (M.P.), Índia. *Descoberta,* 3(9) Pp 40 - 46

Sharma A., Mudgal L. K., Sharma A., Sharma S. (2004) Fish diversity of Yashwant sagar Reservoir Indore M. P. *Him J. environ. zoology.* 18(2) 117-119pp.

Straughan, D. (1972). Influência da precipitação sazonal e da temperatura da água na população de Mercierella enigmatia no estuário do rio Ross, norte de Queensland. *Journal of Experimental Biology and Ecology,* 9: 165-172.

Tachet H, Bournaud M, Rchour P, (1980). Introduction A' L'E'tude des macroinvertebres des eaux douces (Systematique elementaire et apercu ecologique). *Association Francaise de limnologie.* CRD.P Lyon. Ce dex 150pp.

Udo, R.K.,(1978). Geographical Regions of Nigeria. *Heinemann Educational Books* Ltd., Londres.

Verdonschot, P.F.M., (2000). Métodos de avaliação ecológica integrada como base para a gestão sustentável das bacias hidrográficas. *Hydrobiologia* 422/423: 389-412.

Victor, R e Ogbeibu, A.E. (1985). Macrobenthic invertebrates of a stream flowing through farmland in Southern Nigeria. *Environmental Pollution series A.* 39:333-347.

Voshell, J. e Reese, Jr. (2002) A Guide to Common Freshwater Invertebrates of North America. Blacksburg, VA: The McDonald and Woodward Publishing Company.

Comissão da Água e dos Rios (2011). Qualidade da água e macroinvertebrados. *Factos sobre a água* 2nd Edição

Warren, C.E., (1971). Biology and water pollution control. W.B. Saunders Company.

Williams, D. D. (1987). The ecology of temporary waters. Timber Press, Portland OR, 205 pp.

Woodiwiss, F.S., (1964). The biological system of stream classification used by the River Trent Board. *Chemistry and Industry* 14: 443-447.

Organização Mundial de Saúde (OMS), 1984. Norma Internacional para a Água Potável. 4ª Edição, Genebra.

Wright, J.F., Furse, M.T. & Armitage, P.D., 1993. RIVPACS - Uma técnica para avaliar a qualidade biológica dos rios no Reino Unido. Controlo Europeu da Qualidade da Água 3: 15-25.

Y.O. Yusuf, E.O. Iguisi e A.M. Falade (2012). Fluxos na concentração de sedimentos suspensos e sólidos dissolvidos totais a montante da barragem de Galma, Zaria, Nigéria. *Qualidade Ecológica da Água - Tratamento e Reutilização da Água.* Dr. Voudouris (Ed.), ISBN: 978-953-510508-4

Yogesh S. e Pendse D. C. (2001) Hydrological study of Dahikhura reservoir. *J. of Environmental Biology.* 22(1) 67-70.

Zahoor Pir, Imtiyaz Tali, L. K. Mudgal, Shailendra Sharma, Anis Siddique (2012). Avaliação da qualidade da água: Características físico-químicas do rio Narmada em Madhya Pradesh, Índia. *Researcher*;4(5):63-67]. (ISSN: 1553-9865).

APÊNDICE I

Estatísticas descritivas: DO (mg/L)_1, CBO_1, PO43-_1, NO3-_1, T.ALCALINIDADE, ...

Variable	Total Count	Mean	SE Mean	StDev	Variance	CoefVar	Sum
DO (mg/L)_1	12	5.959	0.289	1.003	1.005	16.83	71.510
BOD_1	12	4.237	0.132	0.456	0.208	10.76	50.850
PO43-_1	12	4.135	0.169	0.587	0.344	14.19	49.620
NO3-_1	12	2.012	0.165	0.573	0.328	28.48	24.140
T.ALKALINITY_1	12	25.429	0.947	3.279	10.750	12.89	305.150
CONDUCTIVITY_1	12	45.322	0.929	3.218	10.358	7.10	543.860
TEMP 0C_1	12	24.874	0.643	2.226	4.955	8.95	298.490
PH_1	12	7.209	0.116	0.403	0.162	5.59	86.510
DEPTH_1	12	0.7250	0.0169	0.0587	0.0034	8.10	8.7000

Variable	Minimum	Median	Maximum	Range
DO (mg/L)_1	4.450	6.000	7.610	3.160
BOD_1	3.310	4.165	4.870	1.560
PO43-_1	3.320	4.230	5.210	1.890
NO3-_1	1.100	2.075	2.780	1.680
T.ALKALINITY_1	20.000	25.175	33.210	13.210
CONDUCTIVITY_1	41.500	44.465	51.290	9.790
TEMP 0C_1	20.090	25.350	27.220	7.130
PH_1	6.820	7.070	8.010	1.190
DEPTH_1	0.6200	0.7250	0.8200	0.2000

Estatísticas descritivas: DO (mg/L)_2, CBO_2, PO43-_2, NO3-_2, T.ALCALINIDADE, ...

Variable	Total Count	Mean	SE Mean	StDev	Variance	CoefVar	Sum
DO (mg/L)_2	12	6.104	0.231	0.799	0.639	13.10	73.250
BOD_2	12	4.862	0.175	0.605	0.367	12.45	58.340
PO43-_2	12	4.174	0.136	0.469	0.220	11.25	50.090
NO3-_2	12	1.923	0.134	0.464	0.216	24.14	23.080
T.ALKALINITY_2	12	26.795	0.957	3.315	10.992	12.37	321.540
CONDUCTIVITY_2	12	47.67	1.63	5.64	31.79	11.83	572.09
TEMP 0C_2	12	25.858	0.206	0.712	0.507	2.75	310.290
PH_2	12	7.1192	0.0953	0.3302	0.1090	4.64	85.4300
DEPTH_2	12	0.8067	0.0266	0.0922	0.0085	11.43	9.6800

Variable	Minimum	Median	Maximum	Range
DO (mg/L)_2	4.800	6.280	7.020	2.220
BOD_2	3.930	4.875	5.780	1.850
PO43-_2	3.070	4.265	4.720	1.650
NO3-_2	1.020	2.075	2.450	1.430
T.ALKALINITY_2	23.420	26.460	35.710	12.290
CONDUCTIVITY_2	42.13	45.52	61.21	19.08
TEMP 0C_2	24.930	25.525	27.220	2.290
PH_2	6.7800	7.0150	7.8000	1.0200
DEPTH_2	0.6700	0.7950	0.9500	0.2800

Estatísticas descritivas: DO (mg/L)_3, CBO_3, PO43-_3, NO3-_3, T.ALCALINIDADE, ...

Variable	Total Count	Mean	SE Mean	StDev	Variance	CoefVar	Sum
DO (mg/L)_3	12	6.099	0.172	0.595	0.354	9.76	73.190
BOD_3	12	4.806	0.118	0.409	0.167	8.51	57.670

PO43-_3	12	3.881	0.155	0.538	0.290	13.86	46.570
NO3-_3	12	1.970	0.105	0.365	0.133	18.52	23.640
T.ALKALINITY_3	12	26.78	1.49	5.18	26.80	19.33	321.35
CONDUCTIVITY_3	12	46.30	1.72	5.96	35.55	12.88	555.55
TEMP 0C_3	12	25.873	0.505	1.750	3.061	6.76	310.480
PH_3	12	7.188	0.105	0.364	0.132	5.06	86.250
DEPTH_3	12	0.8050	0.0236	0.0816	0.0067	10.14	9.6600

Variable	Minimum	Median	Maximum	Range
DO (mg/L)_3	4.930	6.230	6.910	1.980
BOD_3	3.980	4.830	5.480	1.500
PO43-_3	3.070	3.825	4.700	1.630
NO3-_3	1.130	2.010	2.450	1.320
T.ALKALINITY_3	20.00	25.98	35.73	15.73
CONDUCTIVITY_3	40.90	44.46	61.43	20.53
TEMP 0C_3	22.460	25.860	28.210	5.750
PH_3	6.780	7.185	8.010	1.230
DEPTH_3	0.6900	0.7950	0.9300	0.2400

Estatísticas descritivas: DO (mg/L)_4, CBO_4, PO43-_4, NO3-_4, T.ALCALINIDADE, ...

Variable	Total Count	Mean	SE Mean	StDev	Variance	CoefVar	Sum
DO (mg/L)_4	12	6.054	0.244	0.844	0.713	13.95	72.650
BOD_4	12	4.517	0.287	0.994	0.988	22.00	54.200
PO43-_4	12	4.4667	0.0989	0.3427	0.1174	7.67	53.6000
NO3-_4	12	2.168	0.139	0.481	0.231	22.18	26.010
T.ALKALINITY_4	12	25.347	0.428	1.484	2.203	5.86	304.160
CONDUCTIVITY_4	12	46.323	0.910	3.153	9.939	6.81	555.880
TEMP 0C_4	12	24.561	0.899	3.114	9.694	12.68	294.730
PH_4	12	7.2017	0.0963	0.3337	0.1114	4.63	86.4200
DEPTH_4	12	0.8042	0.0223	0.0774	0.0060	9.62	9.6500

Variable	Minimum	Median	Maximum	Range
DO (mg/L)_4	4.530	6.205	7.280	2.750
BOD_4	1.930	4.895	5.480	3.550
PO43-_4	3.9000	4.4100	5.2100	1.3100
NO3-_4	1.320	2.245	2.780	1.460
T.ALKALINITY_4	23.500	25.530	27.810	4.310
CONDUCTIVITY_4	42.430	44.940	52.320	9.890
TEMP 0C_4	20.090	25.085	29.250	9.160
PH_4	6.7900	7.2250	7.8000	1.0100
DEPTH_4	0.7200	0.7850	0.9500	0.2300

ANOVA de uma via: DO (mg/L)_1, DO (mg/L)_2, DO (mg/L)_3, DO (mg/L)_4

Source	DF	SS	MS	F	P
Factor	3	0.163	0.054	0.08	0.971
Error	44	29.825	0.678		
Total	47	29.988			

S = 0.8233   R-Sq = 0.54%   R-Sq(adj) = 0.00%

```
                                   Individual 95% CIs For Mean Based on
                                   Pooled StDev
Level          N    Mean   StDev   -------+---------+---------+---------+--
```

```
DO (mg/L)_1  12  5.9592  1.0026  (---------------*---------------)
DO (mg/L)_2  12  6.1042  0.7994       (--------------*---------------)
DO (mg/L)_3  12  6.0992  0.5951      (---------------*---------------)
DO (mg/L)_4  12  6.0542  0.8443     (---------------*---------------)
                                 -------+---------+---------+---------+--
                                      5.70      6.00      6.30      6.60

Pooled StDev = 0.8233
```

ANOVA unidirecional: CBO_1, CBO_2, CBO_3, CBO_4

```
Source  DF      SS     MS     F      P
Factor   3   2.989  0.996  2.30  0.090
Error   44  19.024  0.432
Total   47  22.013

S = 0.6575   R-Sq = 13.58%   R-Sq(adj) = 7.69%


                           Individual 95% CIs For Mean Based on Pooled StDev
Level   N    Mean   StDev   +---------+---------+---------+---------
BOD_1  12  4.2375  0.4559   (----------*----------)
BOD_2  12  4.8617  0.6054                 (----------*----------)
BOD_3  12  4.8058  0.4091               (----------*----------)
BOD_4  12  4.5167  0.9939         (----------*----------)
                            +---------+---------+---------+---------
                          3.85      4.20      4.55      4.90

Pooled StDev = 0.6575
```

ANOVA unidirecional: PO43-_1, PO43-_2, PO43-_3, PO43-_4

```
Source  DF      SS     MS     F      P
Factor   3   2.073  0.691  2.84  0.048
Error   44  10.688  0.243
Total   47  12.761

S = 0.4929   R-Sq = 16.24%   R-Sq(adj) = 10.53%


                             Individual 95% CIs For Mean Based on Pooled StDev
Level     N    Mean   StDev   +---------+---------+---------+---------
PO43-_1  12  4.1350  0.5868           (---------*--------)
PO43-_2  12  4.1742  0.4694             (--------*---------)
PO43-_3  12  3.8808  0.5381   (--------*---------)
PO43-_4  12  4.4667  0.3427                   (---------*--------)
                              +---------+---------+---------+---------
                            3.60      3.90      4.20      4.50

Pooled StDev = 0.4929
```

ANOVA unidirecional: NO3-_1, NO3-_2, NO3-_3, NO3-_4

```
Source  DF      SS     MS     F      P
Factor   3   0.404  0.135  0.59  0.623
Error   44   9.990  0.227
Total   47  10.394

S = 0.4765   R-Sq = 3.89%   R-Sq(adj) = 0.00%
```

```
                              Individual 95% CIs For Mean Based on
                              Pooled StDev
Level    N    Mean   StDev   --------+---------+---------+---------+-
NO3-_1  12  2.0117  0.5728       (-------------*------------)
NO3-_2  12  1.9233  0.4644   (-------------*-------------)
NO3-_3  12  1.9700  0.3649     (------------*-------------)
NO3-_4  12  2.1675  0.4808             (------------*-------------)
                             --------+---------+---------+---------+-
                                  1.80      2.00      2.20      2.40

Pooled StDev = 0.4765
```

ANOVA unidirecional: T.ALKALINITY_1, T.ALKALINITY_2, T.ALKALINITY_3, T.ALKALINITY_4

```
Source  DF     SS    MS     F      P
Factor   3   23.5   7.8  0.62  0.607
Error   44  558.2  12.7
Total   47  581.7

S = 3.562   R-Sq = 4.05%   R-Sq(adj) = 0.00%


                                   Individual 95% CIs For Mean Based on
                                   Pooled StDev
Level            N    Mean  StDev  -----+---------+---------+---------+----
T.ALKALINITY_1  12  25.429  3.279   (-------------*------------)
T.ALKALINITY_2  12  26.795  3.315           (-------------*------------)
T.ALKALINITY_3  12  26.779  5.177           (-------------*------------)
T.ALKALINITY_4  12  25.347  1.484  (-------------*-------------)
                                   -----+---------+---------+---------+----
                                     24.0      25.5      27.0      28.5

Pooled StDev = 3.562
```

ANOVA unidirecional: CONDUCTIVIDADE_1, CONDUCTIVIDADE_2, CONDUCTIVIDADE_3, CONDUCTIVIDADE_4

```
Source  DF     SS    MS     F      P
Factor   3   33.6  11.2  0.51  0.676
Error   44  964.0  21.9
Total   47  997.7

S = 4.681   R-Sq = 3.37%   R-Sq(adj) = 0.00%


                                   Individual 95% CIs For Mean Based on
                                   Pooled StDev
Level            N    Mean  StDev  -------+---------+---------+---------+--
CONDUCTIVITY_1  12  45.322  3.218  (-------------*------------)
CONDUCTIVITY_2  12  47.674  5.639             (-------------*-------------)
CONDUCTIVITY_3  12  46.296  5.962        (------------*-------------)
CONDUCTIVITY_4  12  46.323  3.153        (-------------*------------)
                                   -------+---------+---------+---------+--
                                       44.0      46.0      48.0      50.0

Pooled StDev = 4.681
```

ANOVA unidirecional: TEMP 0C_1, TEMP 0C_2, TEMP 0C_3, TEMP 0C_4

```
Source  DF      SS    MS     F      P
Factor   3   16.40  5.47  1.20  0.321
Error   44  200.39  4.55
Total   47  216.79

S = 2.134   R-Sq = 7.57%   R-Sq(adj) = 1.26%


                                Individual 95% CIs For Mean Based on
                                Pooled StDev
Level        N    Mean  StDev  -------+---------+---------+---------+--
TEMP 0C_1   12  24.874  2.226     (------------*-----------)
TEMP 0C_2   12  25.858  0.712              (------------*-----------)
TEMP 0C_3   12  25.873  1.750              (------------*-----------)
TEMP 0C_4   12  24.561  3.114  (------------*-----------)
                               -------+---------+---------+---------+--
                                   24.0      25.0      26.0      27.0

Pooled StDev = 2.134
```

ANOVA unidirecional: PH_1, PH_2, PH_3, PH_4

```
Source  DF     SS     MS     F      P
Factor   3  0.061  0.020  0.16  0.924
Error   44  5.668  0.129
Total   47  5.729

S = 0.3589   R-Sq = 1.06%   R-Sq(adj) = 0.00%


                             Individual 95% CIs For Mean Based on
                             Pooled StDev
Level   N    Mean   StDev  ---------+---------+---------+---------+
PH_1   12  7.2092  0.4030        (-------------*-------------)
PH_2   12  7.1192  0.3302  (-------------*-------------)
PH_3   12  7.1875  0.3639      (-------------*-------------)
PH_4   12  7.2017  0.3337       (-------------*-------------)
                           ---------+---------+---------+---------+
                                 7.05      7.20      7.35      7.50

Pooled StDev = 0.3589
```

ANOVA unidirecional: DEPTH_1, DEPTH_2, DEPTH_3, DEPTH_4

```
Source  DF        SS        MS     F      P
Factor   3  0.05804  0.01935  3.15  0.034
Error   44  0.27056  0.00615
Total   47  0.32860

S = 0.07842   R-Sq = 17.66%   R-Sq(adj) = 12.05%


                                 Individual 95% CIs For Mean Based on
                                 Pooled StDev
Level     N     Mean    StDev  ----+---------+---------+---------+-----
DEPTH_1  12  0.72500  0.05870  (--------*--------)
DEPTH_2  12  0.80667  0.09218                 (--------*--------)
DEPTH_3  12  0.80500  0.08163                 (--------*--------)

DEPTH_4  12  0.80417  0.07740                 (--------*--------)
                               ----+---------+---------+---------+-----
                                 0.700     0.750     0.800     0.850

Pooled StDev = 0.07842
```

ANOVA unidirecional: DEPTH_1, DEPTH_2, DEPTH_3, DEPTH_4

```
Source  DF       SS       MS     F      P
Factor   3  0.05804  0.01935  3.15  0.034
Error   44  0.27056  0.00615
Total   47  0.32860

S = 0.07842   R-Sq = 17.66%   R-Sq(adj) = 12.05%


                                  Individual 95% CIs For Mean Based on
                                  Pooled StDev
Level     N     Mean    StDev  ----+---------+---------+---------+-----
DEPTH_1  12  0.72500  0.05870  (--------*--------)
DEPTH_2  12  0.80667  0.09218                 (--------*--------)
DEPTH_3  12  0.80500  0.08163                 (--------*--------)
DEPTH_4  12  0.80417  0.07740                 (--------*--------)
                               ----+---------+---------+---------+-----
                                 0.700     0.750     0.800     0.850

Pooled StDev = 0.07842
```

APÊNDICE II

```
CORRELATIONS
  /VARIABLES=stationI stationII stationIII stationIV
  /PRINT=TWOTAIL NOSIG
  /MISSING=PAIRWISE.
```

Correlações

[DataSet2] C:\Users\SULEIMAN ANCHAU.sav

Correlações

		STATION I	STATION II	STATION III	STATION IV
STATION I	Pearson Correlation	1	.982**	.973**	.989**
	Sig. (2-tailed)		.000	.000	.000
	N	17	17	17	17
STATION II	Pearson Correlation	.982**	1	.956**	.965**
	Sig. (2-tailed)	.000		.000	.000
	N	17	17	17	17
STATION III	Pearson Correlation	.973**	.956**	1	.974**
	Sig. (2-tailed)	.000	.000		.000
	N	17	17	17	17
STATION IV	Pearson Correlation	.989**	.965**	.974**	1
	Sig. (2-tailed)	.000	.000	.000	
	N	17	17	17	17

**. A correlação é significativa ao nível de 0,01 (bicaudal).

FSC
www.fsc.org
MIX
Papier aus verantwortungsvollen Quellen
Paper from responsible sources
FSC® C105338

Printed by Books on Demand GmbH, Norderstedt / Germany